Qualité de l'eau du robinet et

Lyubov Grigorenko

Qualité de l'eau du robinet et de l'eau potable prétraitée dans les zones rurales

ScienciaScripts

Imprint

Any brand names and product names mentioned in this book are subject to trademark, brand or patent protection and are trademarks or registered trademarks of their respective holders. The use of brand names, product names, common names, trade names, product descriptions etc. even without a particular marking in this work is in no way to be construed to mean that such names may be regarded as unrestricted in respect of trademark and brand protection legislation and could thus be used by anyone.

Cover image: www.ingimage.com

This book is a translation from the original published under ISBN 978-3-659-82326-8.

Publisher:
Sciencia Scripts
is a trademark of
Dodo Books Indian Ocean Ltd. and OmniScriptum S.R.L publishing group

120 High Road, East Finchley, London, N2 9ED, United Kingdom
Str. Armeneasca 28/1, office 1, Chisinau MD-2012, Republic of Moldova, Europe

ISBN: 978-620-8-20040-4

Copyright © Lyubov Grigorenko
Copyright © 2024 Dodo Books Indian Ocean Ltd. and OmniScriptum S.R.L publishing group

Réviseurs :

Buryak L.I. - Docteur en sciences médicales, professeur au département d'hygiène et d'écologie de l'Académie médicale de Dniepropetrovsk du ministère de la santé d'Ukraine, académicien de l'Académie des sciences d'Ukraine, directeur scientifique du laboratoire N-VTC "Hygienist" et du laboratoire de recherche N-VTC "Expertise". Auteur de plus de 300 travaux scientifiques, dont 2 monographies, 5 inventions et 35 propositions.

Shevchenko I.N. - Candidat aux sciences médicales, professeur associé, premier vice-recteur de l'Institut médical de médecine traditionnelle et non traditionnelle de Dniepropetrovsk. Auteur de plus de 150 ouvrages scientifiques.

SOMMAIRE.

INTRODUCTION 3

SECTION 1 : MATÉRIEL ET MÉTHODES DE RECHERCHE 8

SECTION 2 : ÉVALUATION HYGIÉNIQUE DES INDICATEURS DE QUALITÉ DE L'EAU POTABLE UTILISÉS PAR LA POPULATION DE LA ZONE D'URBANISATION OCCIDENTALE (KRIVOY ROG) 16

SECTION 3 : MORBIDITÉ DES RÉSIDENTS RURAUX DANS CERTAINS TAXONS DE L'OBLAST DE DNIEPROPETROVSK (PAR NIVEAUX D'INDICATEURS ANNUELS MOYENS) 27

SECTION 4 : CARACTÉRISTIQUES COMPARATIVES DES INDICATEURS DE QUALITÉ DE L'EAU PRÉTRAITÉE DE DIFFÉRENTS FABRICANTS PRODUITE DANS LA ZONE D'URBANISATION DE KRIVOY ROG ET DE L'EAU POTABLE DU ROBINET DANS UN TAXON RURAL (DISTRICT DE KRIVOY ROG) 36

CONCLUSION 50

LISTE DE RÉFÉRENCE 53

TABLE DES MATIÈRES

Pertinence. L'analyse de la situation actuelle en Ukraine dans le domaine de l'approvisionnement en eau potable, de la qualité de l'eau potable et de l'état sanitaire des sources d'approvisionnement en eau indique un réel danger du facteur eau pour la santé humaine [1]. Les tendances négatives en matière d'approvisionnement de la population en eau potable de qualité garantie s'accumulent depuis plusieurs décennies et ont atteint un stade critique dans certaines régions d'Ukraine [2].

La région de Dniepropetrovsk est l'une des plus importantes d'Ukraine en termes de contamination des sources d'approvisionnement en eau. Les résultats de nombreuses études ont montré que dans un certain nombre de zones rurales de la région de Dniepropetrovsk, la qualité de l'eau potable provenant des masses d'eau de surface ne répond pas aux exigences sanitaires dans plus de 60 % des échantillons pour les indicateurs physico-chimiques et dans plus de 10 % des échantillons pour les indicateurs bactériologiques [3].

Cependant, le problème de la qualité de l'approvisionnement en eau potable dans les zones rurales ne reçoit pas l'attention qu'il mérite de la part des scientifiques ukrainiens. L'eau potable provenant de sources d'approvisionnement décentralisées dans la plupart des zones rurales d'Ukraine ne répond pas aux exigences des normes d'hygiène en termes de composition minérale : dureté totale, teneur en sel, composés azotés, fer, manganèse, dont la teneur est de 2 à 10 fois supérieure à celle des PPM. Cependant, les scientifiques n'associent pas toujours cette situation à la pollution anthropogénique des sources d'approvisionnement en eau, mais aux particularités naturelles régionales des couches intermédiaires du sol dans lesquelles l'eau se forme [3].

La grande majorité des recherches scientifiques se concentrent sur l'étude de l'état hygiénique de l'approvisionnement en eau de la population urbaine, en particulier dans les régions industrielles de l'Ukraine [4, 5],
6], la nécessité de mener de telles études dans les zones rurales se fait encore plus sentir. À cet égard, la question de l'étude de la composition chimique de l'eau potable dans les zones rurales est pertinente.

Depuis l'époque de l'ex-URSS, l'Ukraine a conservé la pratique consistant à accorder des autorisations temporaires pour l'utilisation d'eau du robinet de qualité non standard en termes de composition minérale. Environ 4,6 millions de personnes dans 160 villes et 100 établissements de type urbain dans 25 régions d'Ukraine reçoivent de l'eau potable provenant de sources d'approvisionnement en eau souterraines qui s'écartent des exigences normatives [7]. Cependant, sur le territoire de l'oblast de Dniepropetrovsk, qui compte une population totale de 3,4 millions d'habitants - la population rurale est de 609365 habitants - l'étude de la composition chimique de l'eau potable dans les zones rurales n'a pas été réalisée au cours de la dernière décennie.

Dans l'impact complexe des différents facteurs environnementaux sur l'état de la santé publique, l'eau potable, qui peut être à l'origine d'une morbidité infectieuse et non infectieuse, joue un rôle important [8]. Il est bien connu que la non-conformité de la qualité de l'eau potable aux exigences réglementaires est l'une des raisons de la propagation de maladies d'étiologie non infectieuse : caries dentaires ou fluorose dentaire (carence ou excès de fluor) ; méthémoglobinémie aux nitrates (excès de nitrates dans l'eau) ; urolithiase ou cholélithiase (excès de sels minéraux dans l'eau) ; goitre endémique (carence en iode dans l'eau) ; maladies cardio-vasculaires (eau douce ou dure) [9].

Les travaux des scientifiques et hygiénistes nationaux au cours des dix dernières années ont permis de prévoir les conséquences dangereuses de la migration active des métaux lourds (HM) dans les environnements vitaux et de déterminer leur impact négatif sur la santé de la population des zones résidentielles des villes industrielles [10]. Il est prouvé qu'au cours des 20 dernières années, on a observé dans l'air des villes industrielles d'Ukraine une diminution progressive de la teneur en métaux lourds dans l'air, mais une augmentation significative de leur teneur dans l'eau et les produits alimentaires, ce qui est en corrélation avec le taux de contamination interne de l'organisme des habitants des villes industrielles [11]. C'est pourquoi le problème de l'étude de la pollution chimique dans les systèmes d'approvisionnement en eau centralisés et décentralisés dans les zones rurales est pertinent.

Une étude pluriannuelle menée entre 1971 et 2006 par des scientifiques américains dans les zones rurales de certains États des États-Unis a permis d'identifier les facteurs étiologiques de 48 épidémies de maladies d'origine hydrique survenues dans 24 États. Sur ces 48 épidémies, 36 ont été associées à une eau de boisson insuffisamment traitée provenant de sources souterraines, ce qui a contribué à l'apparition de maladies infectieuses chez les adultes : 4128 personnes sont tombées malades et 3 sont décédées [12].

Une analyse détaillée des causes des épidémies d'origine hydrique a montré que 21 épidémies (58,3 %) étaient associées à la bactérie E. coli, 5 épidémies (13,9 %) étaient d'origine virale, 3 épidémies (8,3 %) étaient causées par des parasites, 1 épidémie (2,8 %) était associée à une contamination chimique de l'eau de boisson provenant de puits, 1 foyer (2,8 %) était dû à la contamination simultanée de sources d'eau souterraine par des bactéries et des virus, 1 foyer (2,8 %) était dû à la contamination simultanée de l'eau de boisson par des bactéries et des parasites, et 4 foyers

(11,1 %) étaient d'étiologie incertaine. Parmi les 36 épidémies aquatiques survenues chez des adultes dans certains États américains, 22 épidémies (61,1 %) de maladies gastro-intestinales aiguës, 12 épidémies (33,3 %) de maladies entérovirales aiguës et 1 épidémie (2,8 %) d'hépatite A ont été signalées [13]. Les épidémiologistes du Centre de contrôle des maladies considèrent que les principales causes de ces épidémies de maladies d'origine hydrique aux États-Unis sont des déficiences associées à la consommation d'eau potable mal traitée provenant de sources d'eau souterraines. Au total, 21 (59,5 %) cas d'épidémies aquatiques ont été signalés, les principales carences étant les suivantes : 13 (61,9 %) cas sont liés à l'eau potable non traitée provenant de sources d'approvisionnement en eaux souterraines, 6 (28,6 %) au système de traitement de l'eau potable, 1 (4,8 %) au système de distribution d'eau potable prétraitée, et 1 (4,8 %) au réseau de distribution [14].

Aucune épidémie n'a été détectée lors du traitement des eaux de surface. Plus de 50 % des sources d'approvisionnement en eau souterraine dans les zones rurales des États-Unis ont provoqué des épidémies de maladies d'origine hydrique associées à des sources d'approvisionnement en eau souterraine non traitées ou insuffisamment traitées sur une période de 35 ans (1997 à 2006), et la contamination des eaux souterraines reste donc un problème d'hygiène pressant [15]. C'est pourquoi les agences de santé publique des États-Unis se concentrent sur les causes identifiées de maladies, en particulier dans les populations rurales, sur l'assainissement des puits et des sources d'eau potable et sur l'assainissement des puits ruraux afin de protéger la population des agents pathogènes bactériens et viraux [16].

Selon la littérature [17], il est établi que le rôle principal de l'influence sur la santé de la population est joué par des facteurs de risque tels que le "style de vie", une situation démographique défavorable, une alimentation irrationnelle, des conditions de travail néfastes, etc. La part d'influence de ces facteurs sur la santé est de 49 à 53 %, celle des facteurs génétiques de 18 à 22 %, celle des facteurs médicaux de 8 à 10 % et celle des facteurs environnementaux de 17 à 20 % [18]. Par conséquent, lorsque l'on aborde la question du danger que représente la pollution environnementale pour la santé de la population rurale, il convient de tenir compte du fait que les facteurs nocifs peuvent avoir une incidence non seulement par inhalation, mais aussi par voie orale - par l'intermédiaire de l'eau potable et de la nourriture [19, 20, 21]. Ceci est particulièrement important pour les substances qui sont largement répandues et facilement incluses dans les chaînes biologiques : "sol - eaux souterraines et de surface - plantes - animaux - humains". Il s'agit principalement des métaux lourds, des composés organiques persistants contenant de l'azote et d'autres xénobiotiques [22, 23, 24].

Selon les Nations unies, 1,1 milliard de personnes dans le monde n'ont pas accès à une eau potable de qualité. Les maladies infectieuses causées par l'eau représentent environ 80 % des maladies infectieuses dans le monde. Si l'eau potable ne répond pas aux exigences sanitaires et hygiéniques, elle constitue une menace de maladies de masse pour la population et d'augmentation de la mortalité (en particulier chez les enfants).

La disponibilité d'une eau potable de qualité en quantité suffisante pour répondre aux besoins fondamentaux de l'homme est l'une des conditions de l'amélioration de la santé humaine et du développement durable de l'État. Tout non-respect de la norme de qualité de l'eau potable peut avoir des conséquences défavorables sur la santé et le bien-être de la population. À cet égard, il est important d'évaluer l'impact de l'eau sur le corps humain, et en particulier sur les villageois. En effet, le facteur eau contribue à l'apparition et à la complication de plus de 80 % des maladies somatiques, telles que l'athérosclérose et d'autres maladies non transmissibles [25].

Étant donné que la grande majorité de la recherche scientifique de ces 20 dernières années s'est concentrée sur l'étude de l'état hygiénique de l'approvisionnement en eau potable dans les villes industrielles, la nécessité d'une telle recherche dans les zones rurales devient encore plus discutable.

But et objectifs de l'étude. L'objectif de ce travail est la justification scientifique des mesures sanitaires et hygiéniques visant à améliorer la sécurité et la qualité de l'eau potable des sources d'approvisionnement en eau centralisées et décentralisées dans les zones rurales de la région de Dniepropetrovsk, sur la base d'une évaluation écologique et hygiénique des indicateurs de qualité de l'eau du robinet et de l'eau potable traitée.

Afin d'atteindre l'objectif de l'étude, les **objectifs** suivants sont envisagés :

1. évaluer la qualité de l'eau du réservoir de Karachunovskoye - une source d'approvisionnement en eau centralisée pour la population de l'urbanisation occidentale (zone de Krivoy Rog), en fonction du niveau des indicateurs annuels moyens de la composition en sel, des indicateurs sanitaires généraux, chimiques, organoleptiques et toxicologiques de la composition chimique de l'eau pour la période d'observation à long terme (1965 - 2012) années.

2. déterminer le niveau de morbidité parmi la population adulte - les résidents des zones rurales de la région de Dniepropetrovsk pour une période d'observation de 6 ans (2008 - 2013).

3. Effectuer une évaluation comparative des indicateurs de qualité de l'eau prétraitée provenant de différentes entreprises - producteurs, qui est produite dans la zone d'urbanisation de Krivoy Rog, et de l'eau potable du robinet dans 1 taxon (district de Krivoy Rog).

Objet de l'étude : indicateurs de la qualité de l'eau potable ; indicateurs de morbidité de la population rurale ; exposition orale de la population rurale à des composés chimiques présents dans l'eau potable.

Méthodes de recherche : étude épidémiologique rétrospective (pour l'analyse de la morbidité parmi la population adulte des taxons ruraux de la région) ; sanitaire-toxicologique, physico-chimique (pour la détermination des indicateurs de qualité de l'eau à partir des sources d'approvisionnement en eau) ; sanitaire-statistique (pour le traitement mathématique des indicateurs quantitatifs obtenus, les méthodes de statistiques de variation).

Le traitement statistique des résultats a été effectué sur un ordinateur personnel à l'aide des logiciels statistiques standard STATISTICA 6.0 (numéro de licence 74017-640-0000106-57362). Le logiciel Excel (numéro de licence 74017-640-0000106-57285) a été utilisé pour la préparation initiale des tableaux et les calculs intermédiaires. Les paramètres suivants ont été calculés : valeurs moyennes (M), erreurs de moyenne (m), médiane (Me), intervalle de confiance (IC) de 25 à 75 %.

SECTION 1 : MATÉRIEL ET MÉTHODES DE RECHERCHE

Pour résoudre les problèmes posés, nous avons réalisé des études écologiques et hygiéniques complexes sur la qualité de l'eau du réservoir de Karachunovskoye - une source d'approvisionnement en eau centralisée pour la population de l'urbanisation occidentale (zone de Krivoy Rog) ; étudié les indicateurs de qualité de l'eau potable prétraitée produite par diverses entreprises ; réalisé une évaluation rétrospective de l'état de santé de la population adulte des taxons ruraux de la région de Dniepropetrovsk. Lors de la réalisation du programme de travail, des méthodes de recherche adaptées aux objectifs et aux tâches ont été utilisées : recherche épidémiologique rétrospective ; analyse chimique (spectrophotométrie d' absorption atomique) ; analyse chimique sanitaire (photocolorimétrie) ; méthodes statistiques sanitaires (traitement mathématique des indicateurs quantitatifs reçus, méthodes de statistiques de variation). Des informations générales sur les étapes, les méthodes et la portée de la recherche sont données dans le (Tableau 1).

En fonction de la répartition territoriale, 22 districts administratifs de la région de Dniepropetrovsk ont été classés en 6 types de taxons, conformément au "Schéma d'aménagement du territoire de la région de Dniepropetrovsk" [26]. La classification des taxons territoriaux a été effectuée en fonction des indicateurs qui prennent en compte le potentiel de développement des taxons individuels, à savoir : la commodité des transports et la situation géographique, l'approvisionnement de la population rurale en eau potable de qualité garantie et le potentiel des ressources naturelles, le niveau de développement du réseau de transport, le potentiel de main-d'œuvre et le niveau de développement économique, social, environnemental et urbain.

Tableau 1

Étapes, méthodes et champ d'application de la recherche

Non. s.o.	Phase de recherche	Méthodes de recherche	Champ d'application de la recherche
1.0	[1]Détermination de la qualité de l'eau du réservoir de Karachunovskoye - une source d'approvisionnement en eau centralisée pour la population de l'urbanisation occidentale (zone de Krivoy Rog) :		
1.1.	Études de la composition en sel de l'eau du réservoir de Karachunovskoye en fonction des niveaux des valeurs annuelles moyennes (1965-2012) années	Chimie sanitaire : détermination de la dureté totale, du résidu sec, des sulfates et des chlorures par des méthodes photo-lorimétriques.	7296
1.2.	Évaluation des indicateurs organoleptiques	Organoleptique : odeur	1000

	et chimiques sanitaires généraux de la qualité de l'eau du réservoir de Karachunovskoye pour les années (2008 - 2012)	à 200 - 600C, goût et arrière-goût, couleur, turbidité	
		Sanitaire et chimique : détermination du pH, de l'alcalinité, de l'acidité au permanganate, de l'acidité au bi-chromate, de la DBO, de l'oxygène dissous, du carbone organique total par des méthodes photo-colorimétriques.	1750
1.3.	Détermination des indicateurs de la composition chimique de l'eau du réservoir de Karachunovskoye (2008 -2012) années	Chimie sanitaire : détermination de l'azote ammoniacal, des nitrites, des nitrates, du Mo, de l'As, du Zn, du cyanure, du Ni, du Pb, du CaPO4, du Mg, du Na+ - K+, du Fe, du Cd, du Cu, du F, du Cr, du silicium, etc.	5500
		Acide, polyphosphates, SPAS, produits pétroliers, phénol par photocolorimétrie et spectrophotométrie d'absorption atomique	
2.0	[1]Étude des indicateurs de qualité de l'eau potable prétraitée utilisée par la population de l'urbanisation occidentale (zone de Krivoy Rog) :		
2.1.	Étude des indicateurs de qualité de l'eau potable prétraitée produite par le fabricant Mizrahin LLC (2012-2014) années d'observation	Organoleptique : odeur à 200 - 600C, goût et saveur, couleur, turbidité, sédimentation.	1301

		Sanitaire et chimique : détermination de la dureté totale, du résidu sec, des chlorures, des sulfates, du fer total, de l'alcalinité totale, de Mg, Zn, Cu, Mn, du pH, de F, Al, Ag, Pb, Cd, Hg, de l'azote ammoniacal, des nitrites, des nitrates, de l'acidité par des méthodes photocolorimétriques et de spectroscopie d'absorption atomique.	2602
2.2.	Étude des indicateurs de qualité de l'eau potable prétraitée produite par la société productrice "Anisimov" LLC (2012-2014) années d'observation	Organoleptique : odeur à 200 - 600C, goût et saveur, couleur, turbidité, sédimentation.	1059
		Produits chimiques sanitaires : détermination de la dureté totale, du résidu sec, du chlorure, du sulfate, du fer total, de l'alcalinité totale, du Mg, du Zn, du Cu, du Mn, du pH, du F, de l'Al, de l'Ag, du Pb, du Cd, du Hg, de l'azote ammoniacal, du nitrite, du nitrate, de l'acidité par photocolorimétrie et par spectro-photométrie d'absorption atomique.	2118
3.0	[2]Étude de la dynamique des indicateurs de santé de la population rurale de la région de Dniepropetrovsk pour les années (2008 - 2013) :		
3.1.	Étude de la morbidité au sein de la population adulte dans 6 taxons ruraux de la région de Dniepropetrovsk, en fonction des niveaux des indicateurs moyens pluriannuels	Étude épidémiologique rétrospective : Toutes les maladies, I (A00- B99), II (C00-D48) III (D50-D89), (D50- D53), IV (E00-E90), VI (G00-G99), IX (I00-I99), X	522720

| | | (J00- J99), XI (K00-K93), XII (L00-L99), XIII (M00-M99), XIV (N00-N99), XVII (Q00-Q99), XVII (Q20-Q28) classes de maladies (CIM - X). | |

Classification des taxons ruraux de la région de Dniepropetrovsk.
Le premier type - taxons avec un indicateur de potentiel élevé et un niveau élevé de développement socio-économique et urbain (districts de Krivoy Rog et Novomoskovsk) ; le deuxième type - taxons avec un indicateur de potentiel moyen et un niveau élevé de développement socio-économique et urbain (districts de Nikopol et Pavlograd) ; le troisième type - taxons avec un indicateur de potentiel élevé et un niveau moyen de développement socio-économique et urbain (district de Dnepropetrovsk) ; le quatrième type - taxons avec un indicateur de potentiel moyen et un niveau moyen de développement socio-économique et urbain (district de Dnepropetrovsk).

La zone expérimentale - zone d'urbanisation occidentale (Krivoy Rog) occupe 9 % de la superficie de la région de Dniepropetrovsk, 740 000 habitants, dont 94 % de population urbaine. La zone d'urbanisation de Krivoy Rog couvre la ville de Krivoy Rog et la zone du réservoir de Karachunovskoye avec des zones de protection de l'eau pour le développement de loisirs à court terme et stationnaires. Le développement de la ville de Krivoy Rog et de la zone du réservoir de Karachunovskoye est associé au fonctionnement de puissantes entreprises minières et métallurgiques, qui ont atteint un niveau de crise en termes d'urbanisation et d'impact négatif sur l'environnement. Le "Programme de réforme et de développement du logement et des services communaux dans la région de Dnipropetrovsk pour 2004-2020" prévoit : la reconstruction des réseaux d'approvisionnement en eau et d'évacuation des eaux usées ; des mesures visant à introduire les dernières technologies dans l'industrie minière ; la remise en état des territoires perturbés, l'aménagement paysager et l'aménagement de la ZPS ; la rationalisation des transports et du réseau d'ingénierie et de communication ; la détermination de la superficie des zones de protection de l'eau du réservoir d'eau de Karachunovskoye et de leur régime.

Tableau 2

Structure de la couverture des résidents des taxons ruraux de l'oblast de Dnipropetrovsk par l'approvisionnement en eau potable centralisé et décentralisé

Taxon rural	Nombre de sources centralisées d'approvisionnement en eau potable (abs., %)	Nombre de sources décentralisées d'approvisionnement en eau potable (abs., %)	Nombre total de sources d'approvisionnement en eau potable (abs., %)	Rang (selon le poids spécifique de la couverture par les deux types de sources d'approvisionnement en eau)
1	9 (4,8 %)	235 (43,6 %)	244 (33,6 %)	1
2	13 (6,9 %)	7 (1,3 %)	20 (2,7 %)	6
3	28 (15 %)	5 (0,9 %)	33 (4,5 %)	5
4	42 (22,5 %)	52 (9,7 %)	94 (13 %)	4
5	16 (8,5 %)	91 (16,9 %)	107 (14,7 %)	3
6	79 (42,2 %)	148 (27,5 %)	227 (31,3 %)	2
Total par taxon	187 (100 %)	538 (100 %)	725 (100 %)	

Les méthodes de recherche suivantes ont été utilisées pour étudier les indicateurs de qualité de l'eau potable : organoleptique - odeur, couleur, turbidité ; physico-chimique - dureté totale, résidu sec, chlorures, sulfates, fer total, cuivre, zinc, manganèse, phénols, pH ; sanitaire-toxicologique - nickel, arsenic, plomb, fluor, aluminium, sélénium, mercure, azote nitrique, azote nitrique, acidité. Pour déterminer les indicateurs organoleptiques, physico-chimiques et toxico-sanitaires, nous avons utilisé les documents normatifs pertinents (tableau 3).

Tableau 3

LISTE DES INDICATEURS DE LA QUALITE DE L'EAU POTABLE ET DES METHODES DE LEUR CONTROLE

Indicateurs organoleptiques de la qualité de l'eau potable	
Odeur à 20 °C	GOST 3351, DSTU EN 1420-1
Odeur à la chaleur jusqu'à 60 °C	GOST 3351, DSTU EN 1420-1
Goût et saveur	GOST 3351
Les couleurs	GOST 3351, DSTU ISO 7887
Turbidité	GOST 3351, DSTU ISO 7027
Indicateurs de qualité chimique affectant les propriétés organoleptiques propriétés de l'eau potable	
	Composants inorganiques
Indice d'hydrogène (pH)	DSTU 4077

Résidu sec (minéralisation totale)	GOST 18164
Rigidité totale	GOST 4151, DSTU ISO 6059
Alcalinité totale	DSTU ISO 9963-1, DSTU ISO 9963-2
Sulfates	GOST 4389, DSTU ISO 10304-1
Chlorures	GOST 4245, DSTU ISO 10304-1, DSTU ISO 9297
Fer total (Fe)	GOST 4011, DSTU ISO 6332
Manganèse (Mp)	GOST 4974, DSTU ISO 11885, DSTU ISO 15586
Cuivre (C)	GOST 4388, DSTU ISO 11885, DSTU ISO 15586
Zinc (Zn)	GOST 18293, DSTU ISO 11885, DSTU ISO 15586
Calcium (Ca)	DSTU ISO 6058, DSTU ISO 11885
Magnésium (Mg)	DSTU ISO 6059, DSTU ISO 11885
Sodium (Na)	GOST 23268.6, DSTU ISO 11885
Potassium (K)	GOST 23268.7, DSTU ISO 11885
Composants organiques	
Produits pétroliers	GOST 17.1.4.01
Indicateurs toxicologiques de l'innocuité de la composition chimique l'eau potable	
Composants inorganiques	
Aluminium (AX)	GOST 18165, DSTU KO 11885, DSTU ISO 15586
Ammoniac (NH4+)	GOST 4192, DSTU ISO 6778, DSTU ISO 7150-1, DSTU ISO 5664
Cadmium (Cd)	DSTU ISO 11885, DSTU ISO 15586
Arsenic (As)	GOST 4152, DSTU ISO 11885, DSTU ISO 15586
Nickel (Ni)	DSTU 7150, DSTU ISO 11885
Nitrates (NO3-)	GOST 18826, GOST 4192, DSTU 4078, DSTU ISO 7890-1, DSTU ISO 7890-2,
	DSTU ISO 10304-1
Nitrites (NO2-)	GOST 4192, DSTU ISO 6777
Mercure (Hg)	GOST 26927
Plomb(Pb)	GOST 18293, DSTU ISO 11885, DSTU ISO 15586
Fluorures (F-)	GOST 4386, DSTU ISO 10304-1
Chrome total (Cg)	DSTU ISO 11885, DSTU ISO 15586
Cyanures (CN-)	DSTU ISO 6703-1, DSTU ISO 6703-2, DSTU ISO 6703-3
Composants organiques	
Pesticides (total)	DSTU ISO 6468
Agents de surface synthétiques (SPAS)	DSTU ISO 7875-1
Indicateurs intégraux	
Oxydation au permanganate	GOST 23268.12
Total organique carbone	DSTU EN 1484

Dans notre étude, nous avons utilisé un ensemble de méthodes sanitaires-hygiéniques, épidémiologiques, physico-chimiques et statistiques. Nous avons déterminé les indicateurs annuels moyens de la qualité de l'eau de la source d'eau de surface - le réservoir de Karachunovskoye, conformément aux exigences de SanPiN No. 4630-88 [27]. La classe d'eau de la source d'eau pour chacun des indicateurs étudiés a été déterminée conformément à la norme GOST 4008:2007 [28]. Les indicateurs suivants de la pollution des sources d'eau ont été sélectionnés comme indicateurs : organoleptique (odeur, goût et saveur, turbidité), dureté totale, résidus secs, sulfates, chlorures, oxydabilité au permanganate, pH, oxydabilité au bichromate, oxygène dissous, carbone organique total, teneur en oligo-éléments et substances chimiques (Mo, As, Ni, Zn, Na+ - K+, Ca, Mg, Fe, Mn, Cu, F, cyanures, phosphate de calcium, azote ammoniacal, nitrites et nitrates, acide silicique, tensioactifs synthétiques, polyphosphates et produits pétroliers) (au total 33 indicateurs ont été étudiés). L'étude de la plupart des indicateurs de qualité de l'eau du réservoir de Karachunovskoye a été réalisée entre 2008 et 2012, la composition saline de l'eau (dureté totale, résidu sec, sulfates, manganèse) selon les valeurs annuelles moyennes pour les périodes : 1965-1979, 1980-1990, 1991-2001, 2002-2012. La mesure de ces indicateurs a été effectuée à l'aide de méthodes de chromatographie en phase gazeuse et d'absorption atomique.

Au cours de la période 2012-2014, nous avons étudié la qualité de l'eau potable prétraitée produite par deux entreprises spécialisées dans le prétraitement de l'eau provenant du système centralisé d'approvisionnement en eau de la ville de Krivoy Rog - Mizrahin LLC et Anisimov LLC. Au cours de la période d'observation de trois ans, 3 903 tests ont été effectués sur les indicateurs de qualité de l'eau prétraitée produite par Mizrahin LLC et 3 177 tests sur l'eau potable prétraitée produite par Anisimov LLC. L'eau potable prétraitée produite par ces entreprises spécialisées est utilisée dans des points d'embouteillage locaux et fournit de l'eau à la population de la ville de Krivoy Rog et à la population rurale d'un taxon (district rural de Krivoy Rog).

Les indicateurs de qualité annuels moyens de l'eau potable prétraitée pour 2012-2014 ont été comparés aux normes actuelles pour l'eau conditionnée provenant des points d'embouteillage, conformément à la norme GSanPiN 2.2.4-171-10 "Exigences en matière d'hygiène pour l'eau potable destinée à la consommation humaine" [29]. [29]. [00]La qualité de l'eau prétraitée a été étudiée par des indicateurs organoleptiques : odeur à 20 et 60 C, goût, couleur, turbidité, présence de sédiments, indicateurs physico-chimiques : [3]dureté totale, résidu sec, alcalinité totale, fer total, indice d'hydrogène, sulfates, chlorures, sanitaires-toxicologiques : cuivre, zinc, arsenic, manganèse, plomb, cadmium, aluminium, fluorures, acidité, ammonium, nitrite, nitrate (par NO).

Une base de données sur l'état de santé de la population adulte vivant dans six zones rurales de la région de Dniepropetrovsk a été créée à partir des données des rapports statistiques officiels [30].

L'analyse des indicateurs de morbidité au sein de la population adulte (selon 15 classes CIM-X) a été menée dans 22 districts administratifs de la région de Dnipropetrovsk, répartis en 6 types de taxons ruraux. Le nombre total d'attributs de résultats (indicateurs de santé) qui ont été analysés est présenté dans le tableau 1. L'analyse a été réalisée par la méthode de l'observation continue rétrospective basée sur les données rapportées sur le territoire de 6 taxons ruraux de la région de Dnipropetrovsk, comparées aux indicateurs annuels moyens pour l'ensemble de la région de Dnipropetrovsk pour la période 2008 - 2013. Le regroupement statistique des données sur la morbidité de la population rurale a été effectué conformément à la "Classification statistique internationale des maladies" (CIM-10) [31].

Le traitement statistique et l'analyse des résultats de l'étude ont été effectués à l'aide de méthodes de statistiques de variation [32] en utilisant Microsoft Excel-2003 [33] et STATISTICA v. 6.1® (licence n° 74017-640-0000106-57362). Les caractéristiques statistiques sont présentées comme suit : nombre d'observations (n), moyenne arithmétique (M), erreur standard de la moyenne (m), médiane (Me), indices relatifs (nombre abs., %). En tenant compte de la loi de distribution des données (test de Kolmogorov-Smirnov), les analyses de Student, de Mann-Whitney, du chi-carré (χ^2), de l'ANOVA à un facteur et de la variance de Kruskal-Wolis ont été utilisées pour les comparaisons. Le niveau critique de signification statistique (p) dans la vérification des hypothèses statistiques a été accepté ($p < 0,05$), ($p < 0,001$).

SECTION 2 : EVALUATION HYGIENIQUE DES INDICATEURS DE QUALITE DE L'EAU POTABLE UTILISES PAR LA POPULATION DE LA ZONE D'URBANISATION OCCIDENTALE (KRIVOY ROG)

[333]Il y a plus de 52,8 milliards de mètres carrés de ressources en eau sur le territoire de la région de Dnipropetrovsk, y compris le ruissellement local - 0,826 milliard de mètres carrés, les réserves d'eau souterraine - 0,381 milliard de mètres carrés [34]. [333]Les principaux pollueurs des masses d'eau du bassin du fleuve Dniepr sont l'industrie (les émissions en 2007 ont dépassé 790,9 millions de m (62%), les services publics (359,5 millions de m (28%), l'agriculture (123,4 millions de m (9,6%), et d'autres industries (1,6 millions de m3 (moins de 1%) [35].

Un rôle important dans l'accumulation de substances nocives dans le réservoir de Karachunovskoye est joué par l'arrivée d'eau polluée dans la rivière Ingulets depuis la région de Kirovograd, car les éléments lourds se déposent au fond lors d'une forte diminution de la vitesse d'écoulement de l'eau dans le réservoir, en plus de la pollution qui pénètre dans la rivière à partir des entreprises de la ville de Krivoy Rog [36, 37]. Les principaux polluants des masses d'eau du bassin de l'Ingults en amont du réservoir de Karachunovskoye sont les effluents des entreprises industrielles des oblasts de Kirovograd et de Dnepropetrovsk (Znamyanka, Alexandria, Yellow Waters) et des entreprises agricoles [38].

Le bassin minier de Krivoy Rog est le plus grand d'Ukraine en termes de réserves de minerai de fer et le principal centre minier de l'oblast de Dniepropetrovsk. La ville de Krivoy Rog concentre 21 milliards de tonnes de réserves de minerai de fer, dont 18 milliards de tonnes de réserves industrielles [39]. Le complexe industriel et économique de la région de Krivoy Rog s'est formé sur la base de l'utilisation des ressources minérales, ce qui a influencé le développement de la production et conduit à une forte concentration territoriale des entreprises minières et métallurgiques [40, 41]. [3] Chaque année, les entreprises minières en activité dans le bassin pompent environ 40 millions de m3 d'eaux souterraines (mines, mines à ciel ouvert), dont 17 à 18 millions de m3 d'eau minière hautement minéralisée [42]. [3] Les possibilités maximales d'utilisation des eaux souterraines dans les cycles de recyclage des entreprises minières sont de l'ordre de 28 à 29 millions de m3 par an, les 11 à 12 millions de m3 restants étant temporairement accumulés et conservés dans le réservoir d'eau de mine [43].

L'absence d'alternative réelle pour l'utilisation complète ou l'utilisation de l'eau recyclée excédentaire nécessite l'utilisation annuelle de mesures pour le rejet de l'eau recyclée excédentaire des entreprises minières de Kryvbas dans les masses d'eau de la région [44].

La concentration importante d'objets potentiellement dangereux sur le territoire de la région de Krivoy Rog (mines, carrières, décharges, bassins de résidus, terrils), en cas d'arrêt du pompage des eaux souterraines ou de débordement des réservoirs de stockage, deviendra inévitablement une source de développement de catastrophes anthropiques à grande échelle [45]. L'infrastructure de la ville de Krivoy Rog est associée au fonctionnement de puissantes entreprises minières et métallurgiques, qui ont atteint un niveau critique en termes d'urbanisation et d'impact négatif sur l'environnement [46].

Dynamique de la composition en sel de l'eau du réservoir de Karachunovskoye, par niveaux de valeurs annuelles moyennes pour (19652012) ans

La dynamique de l'augmentation de la dureté totale de l'eau du réservoir de Karachunovskoye en fonction des niveaux des indicateurs annuels moyens a été établie : de (6,76±0,40) mmol/dm3 en 1965-1979 à (10,28±0,44) mmol/dm3 en 20022012. En même temps, pendant la période 1965-1979, selon GOST 4008:2007, l'eau du réservoir a été classée dans la classe 3 des sources d'approvisionnement en eau de surface, c'est-à-dire avec une "qualité d'eau satisfaisante, acceptable" selon l'indicateur de dureté totale [28]. [28]. [3]D'après les niveaux des indicateurs annuels moyens pour les périodes 1980-1990, 1991-2001 et 2002-2012, la dureté totale a dépassé 7,0 mmol/dm, ce qui signifie que l'eau du réservoir de Karachunovskoye peut être classée dans la quatrième catégorie d'eau de surface, c'est-à-dire "médiocre, peu appropriée, qualité d'eau indésirable" (Fig. 1).

[3]**Figure 1 : Niveau annuel moyen de la dureté totale de l'eau du réservoir de Karachunovskoye (mmol/dm).**

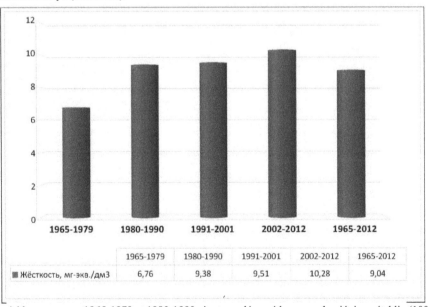

[3]Les résidus secs pour 1965-1979 et 1980-1990 n'ont pas dépassé la norme hygiénique établie (1000 mg/m) selon SanPiN No. 4630-88 [27], et l'eau de ce réservoir a été classée dans la classe 3 selon GOST 4008:2007 [28]. De 1991 à 2012, la qualité de l'eau en termes de teneur en résidus secs s'est

détériorée, de sorte que la source d'eau a été classée comme un réservoir de surface de classe 4. Pour la même période d'observation, la dynamique de l'augmentation des résidus secs avec le dépassement de la norme d'hygiène est montrée : en 1991-2001, 1,04 fois ; en 2002-2012, 1,23 fois. - 1,23 fois. [3] La teneur moyenne en résidus secs pour la période de 1965 à 2012 était de 1005,31±37,12 mg/dm (Fig. 2).

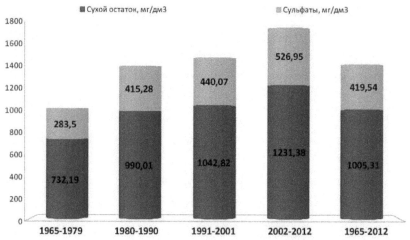

[3]Figure 2 : Valeurs annuelles moyennes des résidus secs et des sulfates dans l'eau du réservoir de Karachunovskoye, moyennées sur 19652012, (mg/dm).

La tendance à l'augmentation de l'indicateur annuel moyen de la teneur en sulfates de l'eau du réservoir de Karachunovskoye est démontrée. [33]La concentration de sulfates a augmenté rapidement, passant de 283,50±8,50 mg/dm en 1965-1979 (dépassant la CMA de 1,13 fois) à 526,95±6,27 mg/dm en 20012012 (dépassant la CMA de 2,11 fois). En termes de teneur en sulfate, l'eau de ce réservoir appartenait à la classe 4 des masses d'eau de surface pendant toute la période d'observation (1965-2012). [3]En termes de teneur en chlorure, une dynamique de diminution de 1,34 fois a été notée : de 139,58±2,49 à 104,33±1,80 mg/dm . [33]Pendant la période 2008-2012, les chlorures n'ont pas dépassé la CMA (250 mg/dm) dans l'eau du réservoir, et la qualité de l'eau correspondait à la classe 3 (101-250 mg/dm). La teneur en manganèse la plus élevée a été observée au cours des périodes 1980-1990 et 1991-2001 et se situait entre 2,2 et 2,1 MAC. [3]En général, la qualité de l'eau de cette masse d'eau appartient à la classe 3 et était de 0,162±0,018 mg/dm pour toute la période d'observation (1965-2012). [3]La meilleure qualité de la masse d'eau de surface en termes de teneur en manganèse (classe 2) a été enregistrée en 1965-1979 et 2001-2012 et était inférieure au niveau MAC (0,1 mg/dm).

Indicateurs organoleptiques et chimiques sanitaires généraux de la qualité de l'eau du

réservoir de Karachunovskoye pour 2008-2012

En termes d'odeur à 20-60°C, l'eau appartenait à la classe 1 en 2008-2012 (<1 point), sauf en 2009 (1 point), c'est-à-dire que l'eau du réservoir appartenait à la classe 2. En général, le score moyen annuel de l'odeur de l'eau du réservoir de Karachunovskoye appartenait à la classe de qualité 1 et était de 0,77±0,05 points. Le goût et la saveur de l'eau n'ont jamais dépassé les normes d'hygiène et se situaient dans les 0 points ; l'eau de ce réservoir appartenait à la classe 1 des sources d'approvisionnement en eau de surface en termes de qualité.

L'indice d'hydrogène était dans la norme établie pour les sources de surface de classe 2 (pH = 7,6-8,1) pendant la période d'observation de 5 ans, sauf en 2010 (pH = 8,21±0,06), lorsque la qualité de l'eau du réservoir appartenait à la classe 3 (pH = 8,2-8,5). Une tendance à l'augmentation de la couleur de l'eau a été trouvée de 55,50±5,53 degrés en 2008 à 67,25±6,57 degrés en 2012, mais l'eau du réservoir appartenait à la classe 2 de la qualité de l'eau de surface (20-80 degrés) pour toute la période d'observation.

[333]La dynamique de l'augmentation de la turbidité de l'eau dans le réservoir a été détectée 1,45 fois - de 2,22±0,34 mg/dm (2008) à 3,23±0,42 mg/dm (2012), cependant, par le niveau de cet indicateur, l'eau était de la meilleure qualité, car elle ne dépassait pas la valeur de turbidité pour la première classe de sources d'approvisionnement en eau (<20 mg/dm). [3]L'indicateur d'alcalinité a montré une tendance à la baisse au cours de la période 2008-2012 : de 4,50±0,05 à 4,19±0,06 mmol/dm (1,07 fois). [3]En général, selon cet indicateur, l'eau du réservoir de Karachunovskoye appartient à la classe de qualité 3 (4,1-6,5 mmol/dm) pour toute la période d'observation.

$_2$L'acidité du permanganate a varié de 8,27±0,19 à 9,58±0,27 mgO /dm3 avec la valeur la plus élevée de l'indicateur en 2012 et une tendance prononcée à la hausse. $_2^3{_2}^3$Cependant, pour 2008-2012, la moyenne annuelle de l'indice d'oxydation du permanganate était dans les limites de la classe 2 (3-10 mgO /dm) et était de 8,65±0,11 mgO /dm . $_2^{33}$Dans l'eau du réservoir Karachunovskoye, l'indice d'oxydation du bichromate (DBO) a eu tendance à diminuer de 1,38 fois : de 21,72±0,67 mgO /dm en 2008 à 15,75±0,79 mgO2/dm en 2012. $_2^{3)}$Cependant, pendant toute la période d'observation, la qualité de l'eau du réservoir était de classe 2 (21,06±0,58 mgO /dm, ne dépassant pas la norme hygiénique établie (9-30 mgC)$_{2\ dm3}$) (Fig. 3).

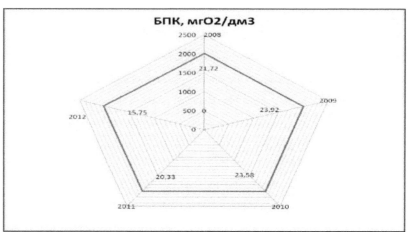

[2]³Figure 3 : Valeur moyenne de l'oxydabilité du bichromate dans l'eau du réservoir de Karachunovskoye pendant la période 2008-2012 (mgO /dm).

[2]³La valeur de la DBO a montré une tendance à la hausse en 2008-2012 avec le niveau le plus élevé en 2011 - 2,81±0,35 mgO /dm . [33]Dans le même temps, la DBO annuelle moyenne (2,58±0,18 mgO2/dm) n'a pas dépassé les limites de fluctuation établies pour les sources de surface de classe 2 (1,3-3,0 mgO2/dm). [3]₂L'oxygène soluble dans l'eau du réservoir ne dépassait pas les limites de la classe 1 (>8,0 mgO2/dm), mais au cours de la période d'observation de 5 ans, il y avait une tendance à augmenter sa teneur dans l'eau - de 9,15±1,03 à 9,57±0,97 mgO /dm3. [3]Selon le niveau de l'indicateur annuel moyen d'oxygène soluble, l'eau appartient à la première classe de qualité des sources d'eau (9,09±0,45 mgO2/dm) (Fig. 4).

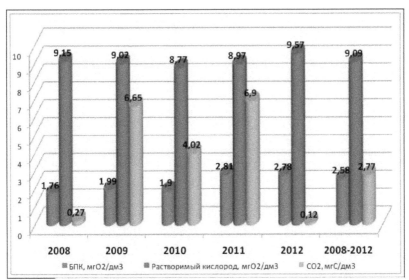

Figure. 4. [3]Teneur moyenne en DBO, oxygène soluble, CO2 dans l'eau du réservoir de Karachunovskoye pendant la période 2008-2012 (mgO2/dm).

[33]La teneur moyenne en carbone organique total dans l'eau se situait dans une classe 1-2, mais selon le niveau de l'indicateur annuel moyen (2,77±0,63 mgC/dm), l'eau du réservoir de Karachunovskoye a été classée dans la classe de qualité 1 (<5,0 mgC/dm). [33]La valeur la plus élevée du carbone organique total a été enregistrée en 2011 (6,90±0,96 mgC/dm ; classe 2), la plus faible - en 2012 (0,12±0,08 mgC/dm ; classe 1).

Indicateurs toxicologiques de la composition chimique de l'eau du réservoir de Karachunovskoye pour les années 2008-2012

[333]La teneur moyenne en molybdène dans l'eau ne dépassait pas la CMA pour les masses d'eau de surface (0,25 mg/dm), mais la qualité de l'eau selon cet indicateur appartenait à la classe 3 pour toutes les années d'observation sauf 2009 (<0,001 mg/dm), c'est-à-dire que l'eau dans le réservoir correspondait à la classe 1 (<1 µg/dm). [3]L'eau a été caractérisée comme étant de "qualité satisfaisante, acceptable" (classe 3) en termes de niveau de la moyenne annuelle de molybdène (0,036±0,006) mg/dm . [3]L'arsenic dans l'eau du réservoir n'a pas dépassé la CMA (0,05 mg/dm) pour 2008-2012, ce qui correspond à une qualité d'eau de classe 2. [3]Une tendance à la diminution de la teneur moyenne en arsenic dans l'eau du réservoir de surface au cours de la période d'observation de 5 ans a été établie, avec des valeurs allant de 0,005 à 0,001 mg/dm . [33]La teneur en cyanure de l'eau est restée constante, entre 0,02 et 0,05 mg/dm, avec un indicateur annuel moyen de 0,035±0,015 mg/dm. [33]Ainsi, la teneur en cyanure de l'eau était de la classe de qualité 3 (11-50 µg/dm) et n'a pas dépassé la CMA (0,1

mg/dm) pendant toute la période d'observation.

[33]Comme présenté dans (Fig. 5), la teneur moyenne en nickel dans l'eau du réservoir a constamment fluctué avec une tendance caractéristique à augmenter cet élément chimique 15 fois : de 0,004±0,002 mg/dm en 2009 à 0,060±0,004 mg/dm en 2012. [3]Il convient de noter que la concentration de nickel dans l'eau n'a jamais dépassé la CMA (0,1 mg/dm). [3][3]Selon l'indicateur annuel moyen de la teneur en nickel (0,043±0,007) mg/dm, l'eau est de classe de qualité 2 (20-50 µg/dm). [33]Le plomb n'a pas dépassé la CMA (0,03 mg/dm) dans l'eau et sa teneur était constamment inférieure à 0,001 mg/dm, de sorte que l'eau provenant de la source d'eau de surface était de la meilleure qualité (classe 1).

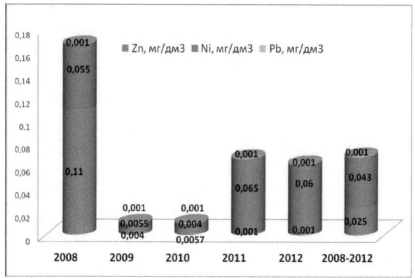

Figure 5. [3]Teneur moyenne en métaux lourds (Zn, Ni, Pb) dans l'eau du réservoir de Karachunovskoye pour la période 2008-2012, (mg/dm).

[3]La teneur moyenne en zinc dans l'eau n'a pas dépassé la CMA (1,0 mg/dm). [3]L'eau du réservoir de Karachunovskoye a été caractérisée par une "qualité d'eau excellente et souhaitable" (classe 1) de 2009 à 2012, et une qualité d'eau satisfaisante (classe 3) a été trouvée en 2008 à <0,11 mg/dm . [3]En ce qui concerne les niveaux moyens annuels de zinc, l'eau du réservoir était principalement caractérisée par une "bonne qualité acceptable" (classe 2), avec une concentration moyenne de zinc de 0,025±0,02 mg/dm .

[3]La teneur moyenne en phosphate de calcium a dépassé la CMA (3,5 mg/dm) : 26,05 fois (en 2008) et 23,5 fois (en 2012). [3]La moyenne annuelle de phosphate de calcium était de 90,25±1,19 mg/dm, dépassant la CMA 25,78 fois. [3]La teneur en composés de magnésium dans l'eau du réservoir a constamment dépassé la CMA pour 2008-2012 et a varié de 76,57±1,19 à 58,85±2,64 mg/dm (CMA

3,82-2,94 avec une tendance à la baisse en 2012). [3]Selon le niveau de l'indicateur annuel moyen (71,59±1,36 mg/dm), les composés de magnésium ont dépassé la norme hygiénique (3,58 MAC), de sorte que l'eau du réservoir de Karachunovskoye, selon cet indicateur, est classée dans la classe de qualité 3.

[3]La dynamique de la diminution des composés sodium-potassium dans l'eau du réservoir a été montrée : de 236,58±4,83 à 189,33±6,05 mg/dm . Cependant, la teneur de ces composés dans l'eau a dépassé la CMA pendant la période de 5 ans et a fluctué entre 1,18-1,11 CMA, sauf pour 2011-2012. [3]La concentration moyenne annuelle de sodium - potassium dans l'eau a également dépassé la CMA 1,07 fois, étant 215,0±4,31 mg/dm (Fig. 6).

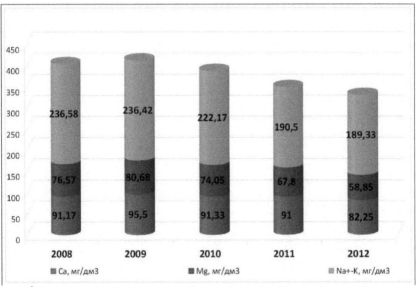

Figure. 6. [3]**Teneur moyenne en composants inorganiques de l'eau du réservoir de Karachunovskoye pour la période 2008-2012 (mg/dm).**

[33]L'azote ammoniacal n'a pas dépassé la valeur de la CMA (2 mgCdm), mais il y avait une tendance à l'augmentation de la teneur de ce composé en 2008-2012 avec le niveau le plus élevé en 2010 - 0,393±0,025 мгN/DM . Dans le même temps, la qualité de l'eau en 2010-2011 correspondait à la classe 3, alors que les années précédentes elle correspondait à la classe 2. [33]Selon le niveau de l'indicateur annuel moyen (dans la limite de 0,262±0,013 мгN/DM), l'azote ammoniacal correspondait à la 2e classe de qualité des sources d'eau 0,10-0,30 мгN/DM . [3]L'azote nitrite n'a pas dépassé la valeur de la CMA (3,3 мгN/DM) pendant toute la période d'observation, et l'eau correspondait

principalement à la classe de qualité 3. [33]Cependant, en 2008 et 2010, l'eau du réservoir de Karachunovskoye correspondait à la classe 4 " médiocre, peu adaptée, qualité indésirable " (>0,050 мгN/DM), avec la valeur la plus élevée de cet indicateur en 2010 (0,061±0,021) мгN/DM. [3]Il convient de noter que la teneur en azote nitrique a montré une tendance négative à la baisse en 2008-2012, mais les concentrations de ces composés n'ont pas dépassé la valeur de la CMA (45 мгN/DM). [33]L'eau du réservoir de Karachunovskoye pendant toute la période d'observation peut être classée dans la classe de qualité 4 (>1,00 мгN/DM), avec une teneur élevée en azote nitrique en 2008 - 1,58±0,17 мгN/DM (tableau 4).

Tableau 4 **Dynamique des indicateurs de l'activité nitrifiante, de la** teneur en fer et en cuivre dans l'eau du réservoir de Karachunovskoye pour 2008-2012.

Années	Azote ammoniacal, мгN/DM^3	Azote nitrique, мгN/DM^3	Azote nitrique, мгN/DM^3	Fer, mg/dm^3	Cuivre, mg/dm^3
		Valeur moyenne de l'indicateur, M±m			
2008	0,20±0,02 Me = 0,2 (25-75) % CI 0,125-0,275	0,058±0,030 Me = 0,02 (25-75) % CI 0,02-0,043	1,58±0,17 Me = 1,5 (25-75) % CI 1,175-1,9	0,026±0,003 Me = 0,02 (25-75) % CI 0,02-0,03	0,0056±0,001 Me = 0,005 (25-75) % DI 0.0025-0.0082
2009	0,22±0,02 Me = 0,22 (25-75) %DI 0,15-0,25	0,033±0,009 Me = 0,02 (25-75) % CI 0,02-0,031	1,23±0,16 Me = 1,15 (25-75) % CI 0,835-1,65	0,024±0,009 Me = 0,02 (25-75) % CI 0,02-0,03	0,0076±0,0026 Me = 0,005 (25-75) % CI 0,0025-0,0082
2010	0,208±0,023 Me = 0,185 (25-75) % CI 0,145-0,255	0,061±0,021 Me = 0,03 (25-75) % CI 0,02-0,0565	1,204±0,199 Me = 0,975 (25-75) % CI 0,59-1,8	0,342±0,003 Me = 0,035 (25-75) % CI 0,02-0,045	0,0025±0,0005 Me = 0,002 (25-75) % CI 0,001-0,004
2011	0,393±0,025 Me = 0,365 (25-75) % CI 0,335-0,43	0,033±0,010 Me = 0,02 (25-75) % CI 0,02-0,025	1,002±0,076 Me = 0,955 (25-75) % CI 0,8-1,14	0,060±0,009 Me = 0,055 (25-75) % CI 0,04-0,065	0,0027±0,0006 Me = 0,002 (25-75) % CI 0,001-0,004
2012	0,373±0,025 Me = 0,38 (25-75) %DI 0,31-0,425	0,030±0,006 Me = 0,02 (25-75) % CI 0,02-0,03	1,09±0,13 Me = 0,94 (25-75) % CI 0,735-1,365	0,083±0,021 Me = 0,055 (25-75) % CI 0,04-0,11	0,0031±0,0006 Me = 0,0025 (25-75) % CI 0,001-0,005
		Moyennes annuelles pour la période de 5 ans			
2008 - 2012	0,262±0,013 Me = 0,26 (25-75) %DI 0,18-0,32	0,043±0,008 Me = 0,02 (25-75) % CI 0,02 - 0,033	1,223±0,071 Me = 1,1 (25-75) % CI 0,81 - 1,55	0,045±0,005 Me = 0,03 (25-75) % CI 0,02 - 0,05	0,014±0,006 Me = 0,008 (25-75) % CI 0,005 - 0,0225

Notes. M - valeurs moyennes, m - erreurs de la moyenne, Me - médiane **(Me), CI - intervalle de confiance 25-75%.**

[33]La tendance à l'augmentation de la teneur moyenne en fer dans l'eau du réservoir en 2008-2012 avec un dépassement de la CMA (0,3 mg/dm) 1,14 fois en 2010 (0,342±0,003 mg/dm) a été établie. [3]Il y a également eu un changement dans la classe d'eau de la source de surface : classe 1 en 2008-2010 et classe 2 en 20112012, avec une teneur en fer allant de 0,060±0,009 à 0,083±0,021 mg/dm. [33]Le cadmium dans l'eau a été détecté en dessous de la CMA (<0,001 mg/dm) dans toutes

les années d'observation, la source d'approvisionnement en eau correspondant à la classe 3 (0,6-5,0 µg/dm).

Dans l'eau du réservoir de Karachunovskoye pendant 2008-2012, il y a eu une diminution de 1,8 fois de la teneur en cuivre : de 0,0056±0,001 à 0,0031±0,0006 mg/dm , mais les composés de cet élément chimique n'ont pas dépassé la valeur MAC (1,0 mg/dm), et la qualité de l'eau correspondait à la classe 2 (1-25 µg/dm). Le fluor dans l'eau du réservoir ne dépassait pas la valeur CMA (0,7 mg/dm), et la qualité de l'eau correspondait à la classe 1 (<700 µg/dm). Au cours de la période d'observation de 5 ans, la teneur en composés fluorés a diminué de 1,18 fois : de 0,313±0,021 à 0,266±0,164 mg/dm , avec la valeur la plus élevée en 2009. - 0,332±0,021 mg/dm . La teneur en chrome n'a pas dépassé la CMA (0,5 mg/dm) et était constamment <0,001 mg/dm . D'après la moyenne annuelle des composés de chrome (0,030±0,006 mg/dm), l'eau appartenait à la classe 1. Une tendance similaire a été observée pour les phénols volatils, qui étaient inférieurs à la CMA (<0,001 mg/dm) dans 20082012 (classe de qualité 1).

Pour la teneur en composés de silicium, il y avait une tendance prononcée à la baisse de 2008 à 2012 de 6,175±1,414 à 5,725±1,519 mg/dm. Certaines années, cette substance chimique a dépassé les normes d'hygiène : en 2009 (1,14 MPC), en 2010 (1,27 MPC), en 2011 (1,05 MPC), avec la valeur la plus élevée d'acide silicique en 2010. - 12,683±0,751 mg/dm . La teneur en polyphosphate dans l'eau était bien inférieure à la CMA (3,5 mg/dm), avec une tendance à la baisse en 2008-2012. Cependant, le niveau le plus élevé de polyphosphates a été détecté en 2008. - 0,53±0,05 mg/dm , avec une diminution progressive de ces composés à partir du début de 2011 - 0,14±0,03 mg/dm .

Les SPAV de 2008 à 2009 étaient au niveau de (<0,001 mg/dm), l'eau appartenait à la classe 1 (<10 µg/dm). Au cours des années d'observation suivantes, l'eau appartenait à la classe de qualité 2 car la teneur en SPAV a diminué de 1,47 fois : de 0,047±0,012 en 2011 à 0,032±0,009 mg/dm en 2012. Les produits pétroliers n'ont jamais dépassé la valeur de la CMA (0,3 mg/dm). Au cours de la période d'observation de 5 ans, la dynamique de diminution de la teneur de ces composés en 1,2 fois dans l'eau du réservoir a été révélée : de 0,113±0,009 à 0,094±0,007 mg/dm, avec la valeur la plus élevée en 2012. Ainsi, l'eau du réservoir de Karachunovskoye, en termes de teneur en produits pétroliers, appartient à la classe de qualité 3 (51-200 µg/dm).

Dans l'eau du réservoir de Karachunovskoye sur une longue période d'observation (de 1965 à 2012), une tendance défavorable à l'augmentation de la composition en sel, de la dureté totale, du résidu sec, des sulfates et des chlorures a été observée.Cette tendance est due au rejet systématique d'eaux minières hautement minéralisées provenant des entreprises minières de la ville de Krivoy Rog dans les rivières Ingulets et Saksagan et à la pollution subséquente du réservoir de Karachunovskoye, principale source d'approvisionnement centralisé en eau domestique et potable pour 94 % de la population urbaine. En général, en termes de composition saline, l'eau du réservoir de Karachunovskoye au cours de certaines années d'observation appartenait à la 4e classe de qualité des masses d'eau de surface, à savoir "médiocre, utilisable de façon limitée, qualité indésirable".

Une caractéristique de la zone d'urbanisation de Krivoy Rog est la présence de métaux lourds prioritaires (Mo, Mg, Cd, Ni, Zn, Fe, Cu, Pb, Cr) dans les sources d'eau, causée par l'exploitation intensive du minerai de fer. [33]Par exemple, la teneur moyenne en fer en 2010 était de 0,342±0,003 mg/dm, dépassant la CMA (0,3 mg/dm) de 1,14 fois. La teneur moyenne en manganèse a dépassé la norme d'hygiène en 2008-2010 (MPC 1,42, 1,3 et 1,54, respectivement), ce qui est dû à la teneur de fond élevée de cet élément chimique dans les objets environnementaux de la ville industrielle et au rejet annuel d'eau minière hautement minéralisée dans les sources d'eau locales.

SECTION 3 : MORBIDITÉ DES RÉSIDENTS RURAUX DANS CERTAINS TAXONS DE L'OBLAST DE DNIEPROPETROVSK (PAR NIVEAUX D'INDICATEURS ANNUELS MOYENS)

Caractéristiques du taux de morbidité au sein de la population adulte dans des taxons distincts de la région de Dnipropetrovsk pour les années (2008 - 2013)

Le poids spécifique le plus élevé des maladies infectieuses et parasitaires a été trouvé dans la population adulte des taxons 1 (2,70 %) et 6 (2,60 %). Comme le montre la figure 7, le taux d'incidence le plus faible des maladies de classe I a été observé de manière fiable dans la population adulte du taxon 4 : (72,98±6,05) ‰ (p < 0,001), avec des taux de croissance négatifs caractéristiques à la fois par district (-39,1 %) et par région (-75,0 %).

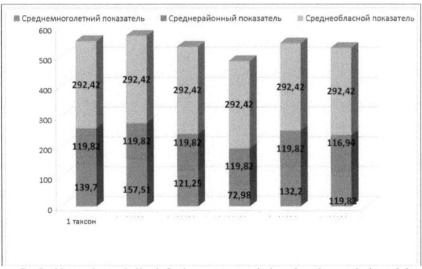

Figure 7 : Incidence des maladies infectieuses et parasitaires dans la population adulte, en fonction du niveau des indicateurs annuels moyens, dans les différents taxons de la région de Dnipropetrovsk entre 2008 et 2013 (cas pour 10 000 habitants).

Une forte intensité de la classe I de maladies a été trouvée parmi la population rurale du taxon 2 : (157,51±22,47) ‰ (p < 0,001), avec un excès du taux de morbidité régional moyen de 1,31 fois. Le taux de croissance des maladies infectieuses et parasitaires dans le taxon 2 par district était de +31,4 %, par région de -46,1 %. Une tendance similaire a également été observée dans le taux d'incidence de l'anémie chez les résidents adultes des différents taxons dans l'oblast de Dnipropetrovsk (Fig. 8).

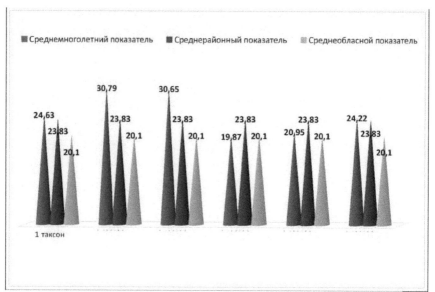

Figure 8. Incidence de l'anémie dans la population adulte, selon les niveaux des moyennes à long terme, dans les différents taxons de la région de Dnipropetrovsk entre 2008 et 2013 (cas pour 10 000 habitants).

₀₀L'intensité la plus élevée de l'anémie a été observée chez les résidents ruraux du taxon 2 : (30,79±5,62) %, le nombre de cas d'incidence des maladies de classe III (D50-D53) étant 1,29 fois plus élevé que la moyenne du district et 1,53 fois plus élevé que le niveau du taux d'incidence moyen de la région. Dans le taxon 2, des taux de croissance positifs de cette classe de maladies ont été enregistrés à la fois par district (+29,2 %) et par région (+53,2 %). La figure 9 montre les taux de croissance de la morbidité due à l'anémie chez les résidents ruraux des différents taxons dans l'oblast de Dnipropetrovsk.

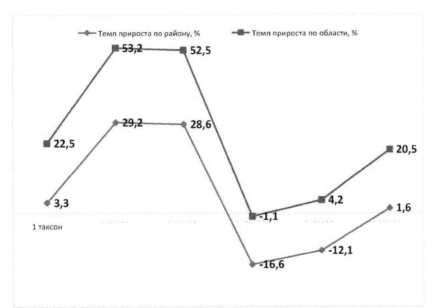

Figure 9 : Taux de croissance de l'anémie chez les adultes dans certains taxons de la région de Dnipropetrovsk entre 2008 et 2013.

Ainsi, selon le taux d'augmentation de la classe III des maladies (D50-D53), le nombre de cas d'anémie a augmenté rapidement parmi les résidents ruraux des taxons 1 à 3, avec une tendance caractéristique à la diminution de l'anémie parmi la population adulte des taxons 4 et 5, et un taux d'augmentation positif caractéristique parmi les résidents du taxon 6, en moyenne sur les deux districts et la région.

Dans la structure de toutes les maladies, le poids spécifique de la cholélithiase varie de 0,12 % dans le taxon 1 à 0,16 % dans le taxon 6. Les taux de croissance les plus élevés de la classe XI ont été observés dans le taxon 3, à la fois par district (+24,7 %) et par oblast (+0,8 %). Le taux d'incidence le plus bas de cholélithiase a été trouvé de manière fiable parmi les résidents adultes du taxon 1 : (6,08±0,55) ‰ ($p < 0,001$), avec des taux de croissance négatifs allant de -21,2 à -36,3 % par district et par région, respectivement (Fig. 10).

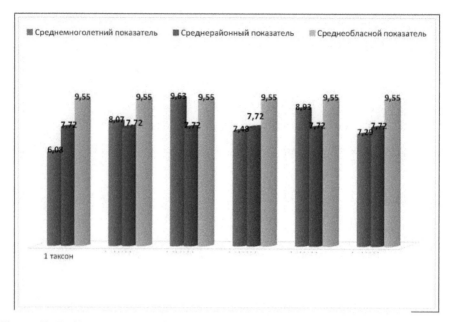

Figure 10. Incidence de la cholélithiase dans la population adulte, selon les niveaux des moyennes à long terme, dans des taxons distincts de la région de Dnipropetrovsk au cours de la période 2008-2013 (cas pour 10 000 habitants).

L'intensité des taux de morbidité de la classe XI de maladies a dépassé le niveau des taux annuels moyens parmi les résidents ruraux des taxons 2, 3, 5, respectivement, de 1,04 ; 1,25 et 1,16 fois. Et seulement parmi les résidents du taxon 3, le niveau de morbidité de cette classe de maladies était significativement plus élevé (9,63±0,54) ‰ (p<0,05) par rapport à l'indicateur régional moyen (9,55±0,30) ‰ de 1,0 fois.

Le taux d'incidence de l'arthropathie saline parmi la population adulte s'est avéré plus élevé dans les taxons 2, 3 et 4 : (1,50 - 1,61) fois ; (2,95 - 3,17) fois ; (1,10 - 1,18) fois que les moyennes du district et de l'oblast (Fig. 11). Le taux de croissance positive le plus élevé pour les maladies de la classe XIV (N25-N29) parmi tous les types de taxons a été observé chez les résidents ruraux du taxon 3 : +194,9 % (par district), +216,8 % (par région).

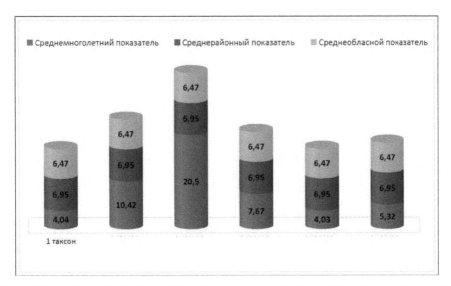

Figure 11. Incidence de l'arthropathie saline dans la population adulte, selon les niveaux des moyennes à long terme, dans les différents taxons de la région de Dnipropetrovsk au cours de la période 2008-2013 (cas pour 10 000 habitants).

₀₀Une tendance complètement différente est observée dans le taux de morbidité de la population adulte pour les calculs rénaux et urétéraux, avec le niveau d'intensité le plus bas de la classe XIV des maladies (N17-N19) dans 3 et 4 taxons : de (9,58±0,73) à (7,03±0,51) % (p < 0,001). Le plus haut niveau de morbidité de cette classe de maladies a été déterminé parmi les résidents ruraux du taxon 2 : (18,03±3,52)‰, avec un dépassement des indicateurs régionaux moyens et des indicateurs moyens de l'oblast de 1,61 - 1,11 fois (Fig. 12). Dans le même temps, les taux de croissance positive des calculs rénaux et urétéraux étaient de +61,4 % par district et de +10,9 par région. Le poids spécifique des maladies de la classe XIV (N17- N19) dans les différents taxons de la région était de : 0,23 % (dans les taxons 1 et 5) ; 0,31 % (dans le taxon 2) ; 0,16 % (dans les taxons 3 et 4) ; 0,26 % (dans le taxon 6).

Des taux d'augmentation négatifs de l'incidence des calculs rénaux et urétéraux ont été observés dans les taxons 3 et 4, à la fois par district et par région : de -14,2 à -41,0 % dans le taxon 3 ; de -37,1 à -56,7 % dans le taxon 4.

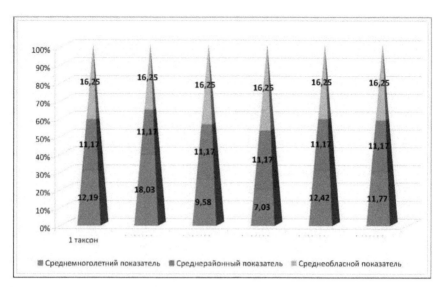

Figure 12. Incidence des calculs rénaux et urétéraux dans la population adulte, en fonction des niveaux des indicateurs annuels moyens, dans des taxons distincts de la région de Dnipropetrovsk au cours de la période 2008-2013 (cas pour 10 000 habitants).

Pour les maladies de la peau et des tissus sous-cutanés, une tendance à la croissance négative a été révélée dans tous les taxons selon les niveaux des indicateurs moyens de l'oblast, tandis que des taux de croissance positifs ont été observés dans les taxons 2, 3 et 5, en moyenne par district : respectivement +20,4 % ; +74,4 % ; +13,3 % (Fig. 13).

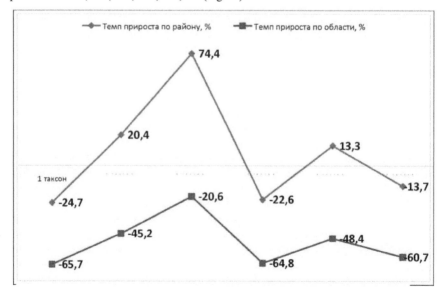

Figure 13 : Taux de croissance des maladies de la peau et du tissu sous-cutané chez les adultes par taxon dans la région de Dnipropetrovsk au cours de la période 2008-2013.

₀₀ Le niveau le plus élevé de morbidité des maladies de classe XII a été révélé de manière fiable parmi les habitants ruraux du taxon 3 : (359,50±23,55) % (p<0,05), dépassant l'indice régional moyen de 1,74 fois. Dans le même temps, les taux de croissance dans le taxon 3 étaient de +74,4 % (par district) et de -20,6 % (par région). Dans la structure de toutes les maladies, le poids spécifique le plus élevé dans cette classe de maladies est caractéristique du taxon 3 (5,90 %), le plus faible - pour le taxon 1 (3,00 %). ₀₀₀₀ La même tendance a été observée pour les indices intensifs : le plus grand nombre de cas de maladies de la classe XII a été observé de manière fiable parmi les habitants adultes du taxon 3 : (359,50±23,55) % (p<0,05), le plus faible - dans le taxon 1 : (155,30±26,71) % (p<0,001).

La figure 14 montre les pertes médicales, démographiques et économiques associées à l'impact négatif des facteurs environnementaux. Le poids spécifique du facteur eau atteint 7% dans la formation des pertes économiques : plus de 450 milliards de hryvnias par an en raison de la morbidité de la population adulte ; 18% causent l'impact négatif du facteur eau sur la morbidité de plus de 6 millions de cas de maladies de différentes classes (circulatoires, respiratoires, digestives, du système sanguin et immunitaire, maladies infectieuses, etc.) ; 12% associés au facteur eau causent 144 mille décès (dus à des maladies du système circulatoire, respiratoires, néoplasmes, etc. [47 - 49].

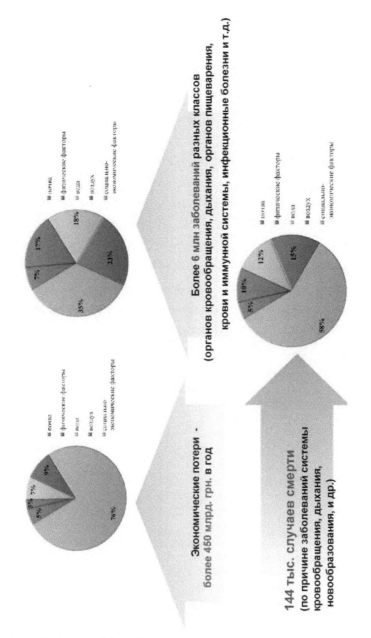

Figure 14 : Pertes médico-démographiques et économiques associées à l'impact négatif des facteurs environnementaux.

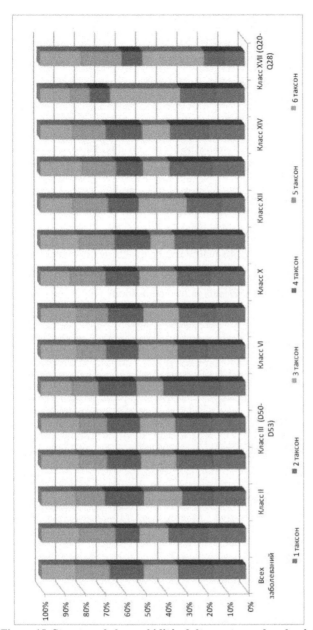

Figure 15. Structure de la morbidité adulte par taxon dans la région de Dniepropetrovsk entre 2008 et 2013 (I, II, III, IV, VI, IX, IX, X, XI, XII, XIII, XIV, XVII), classes de la CIM-X.

SECTION 4 : CARACTÉRISTIQUES COMPARATIVES DES INDICATEURS DE QUALITÉ DE L'EAU PRÉTRAITÉE DE DIFFÉRENTS FABRICANTS PRODUITE DANS LA ZONE D'URBANISATION DE KRIVOY ROG ET DE L'EAU POTABLE DU ROBINET DANS UN TAXON RURAL (DISTRICT DE KRIVOY ROG)

Après avoir analysé la qualité de l'eau potable du robinet consommée par la population rurale du district de Krivoy Rog (1 taxon) et de l'eau prétraitée provenant de différents fabricants (Mizrakhin Ltd. et Anisimov Ltd.), produites dans la zone d'urbanisation de Krivoy Rog, a déterminé l'efficacité du prétraitement en termes de dureté totale, de résidus secs, de chlorure, de sulfate, de fer, de pH, de Cu, de Zn, de Mn, de F, d'Al, d'azote ammoniacal, de nitrite et de nitrate au cours de la période 2012 - 2014. Les résultats de notre étude indiquent que le prétraitement de l'eau potable a permis de diminuer la dureté totale pendant toute la période d'observation (Tableau 5).

[3]*Tableau 5* **Caractéristiques comparatives des indicateurs de qualité de l'eau potable du robinet dans un taxon rural (district de Krivoy Rog) et de l'eau potable prétraitée provenant de différents fabricants en termes de dureté totale (mmol/dm)**

Années	Eau potable prétraitée Mizrahin LLC	Eau potable prétraitée OOO Anisimov	Eau potable du robinet dans 1 taxon	Efficacité du prétraitement de l'eau potable par Mizrakhin LLC	Efficacité du traitement supplémentaire de l'eau potable de la société LLC Anisimov
2012	2,31±0,11	3,17±0,31	1001,88±72,28	433,5	315,7
2013	2,23±0,02	2,38±0,27	5,72±0,70	2,56	2,40
2014	3,84±0,13	2,79±0,46	5,34±0,85	1,39	1,91
p			$p = 0{,}1991$		

[12]Note. p - niveau de signification de l'efficacité du prétraitement de l'eau potable du robinet de différentes entreprises - fabricants par le critère de Pearson χ - Pearson.

Ainsi, l'efficacité du prétraitement de l'eau pour cet indicateur a varié de (433,5 à 315,7) MAC en 2012 ; de (2,56 à 2,40) MAC en 2013 et de (1,39 à 1,91) MAC en 2014, en fonction de l'entreprise productrice (p = 0,199). Comme le montre le tableau 6, le prétraitement de l'eau a eu un effet significatif sur la qualité de l'eau potable, la teneur en résidus secs ayant diminué de 1,0 à 4,49 fois entre 2012 et 2014 (eau prétraitée de Mizrahin LLC) et de 1,19 à 3,89 fois (eau prétraitée d'Anisimov LLC). [3]Ainsi, dans l'eau prétraitée du premier producteur, la teneur en résidus secs a diminué en dynamique de 1,2 fois pour la même période d'observation : de (212,41±2,86) à (168,70±2,01) mg/dm . [3]Dans l'eau prétraitée du second producteur, cet indicateur a augmenté de 1,08 fois : de (180,12±11,99) à (194,70±10,07) mg/dm .

[3]*Tableau 6* **Caractéristiques comparatives des indicateurs de qualité de l'eau potable du robinet dans un taxon rural (district de Krivoy Rog) et de l'eau potable prétraitée par différentes entreprises - producteurs sur résidus secs, (mg/dm)**

Années	Eau potable prétraitée Mizrahin LLC	Eau potable prétraitée OOO Anisimov	Eau potable du robinet dans 1 taxon	Efficacité du prétraitement de l'eau potable par Mizrahin LLC	Efficacité du traitement supplémentaire de l'eau potable d'Anisimov LLC
2012	212,41±2,86	180,12±11,99	213,94±36,06	1,0	1,19
2013	214,50±2,23	210,70±3,27	619,71±99,95	2,89	2,94
2014	168,70±2,01	194,70±10,07	757,33±8,74	4,49	3,89
p			p = 0,1991		

[12]Note. p - niveau de signification de l'efficacité du prétraitement de l'eau potable du robinet de différentes entreprises - fabricants par le critère de Pearson χ - Pearson.

Comme on peut le voir (tab. 7), l'efficacité du prétraitement de l'eau potable de la société productrice "Mizrahin" LLC était significativement ($p < 0,05$) plus élevée pour la teneur en chlorure : (26,4 MPC) en 2012, (10,5 MPC) en 2013, (2,85 MPC) en 2014, par rapport à l'eau prétraitée du fabricant "Anisimov" LLC : (9,74 MPC) en 2012, (5,53 MPC) en 2013, (6,21 MPC) en 2014.

Tableau 7
[3]**Caractéristiques comparatives des indicateurs de qualité de l'eau potable du robinet dans un taxon rural (district de Krivoy Rog) et de l'eau potable prétraitée provenant de différents fabricants, en fonction de la teneur en chlorure (mg/dm).**

Années	Eau potable prétraitée Mizrahin LLC	Eau potable prétraitée OOO Anisimov	Eau potable du robinet dans 1 taxon	Efficacité du prétraitement de l'eau potable par Mizrahin LLC	Efficacité du traitement supplémentaire de l'eau potable de la société LLC Anisimov
2012	8,87±0,26	25,00±5,96	243,45±49,18	26,4	9,74
2013	8,49±0,18	16,20±3,30	89,59±16,25	10,5	5,53
2014	40,80±0,03	18,70±0,25	116,20±24,26	2,85	6,21
p			p = 0,1991 ; p < 0,05[2]		

Note. [22]1p - niveau de signification de l'efficacité du prétraitement **de l'eau potable du robinet de différentes entreprises - fabricants par le critère χ - Pearson ; - par l'analyse de variance ANOVA à un facteur ($p < 0,05$).**

Pour la teneur en sulfate, l'efficacité du prétraitement a varié entre (3,04 - 2,03) MAC et de (1,24 à 2,81) MAC pour 2012 - 2014, avec la plus forte réduction de cet indicateur en 2013 (Tableau 8). [3]Ainsi, la teneur en sulfate a diminué d'un facteur de (9,9 à 10,5) après le prétraitement de l'eau par les deux entreprises productrices, car la teneur la plus élevée de cet indicateur a été trouvée dans l'eau potable du robinet de 1 village taxon en 2013 : (223,76±41,64) mg/dm . Dans le même temps, la teneur en sulfates a fluctué dans l'eau potable après son traitement supplémentaire par différents fabricants, et n'a jamais dépassé la CMA. [33]En 2012, les sulfates ont été enregistrés dans l'eau prétraitée de Mizrahin Ltd. à une concentration de (21,92±1,32) mg/dm , tandis qu'en 2014 à (51,48±0,26) mg/dm . [3]Une tendance similaire a été observée dans l'eau prétraitée de "Anisimov" LLC, avec la valeur la plus élevée de cet indicateur en 2012 : 53,68±12,54 mg/dm .

Tableau 8

[3]**Caractéristiques comparatives des indicateurs de qualité de l'eau potable du robinet dans un taxon rural (district de Krivoy Rog) et de l'eau potable prétraitée provenant de différents fabricants en termes de** teneur en sulfates (mg/dm).

Années	Eau potable prétraitée Mizrahin LLC	Eau potable prétraitée OOO Anisimov	Eau potable du robinet dans 1 taxon	Efficacité du prétraitement de l'eau potable par Mizrahin LLC	Efficacité du traitement supplémentaire de l'eau potable de la société LLC Anisimov
2012	21,92±1,32	53,68±12,54	66,65±2,22	3,04	1,24
2013	22,48±0,33	21,38±1,23	223,76±41,64	9,95	10,46
2014	51,48±0,26	37,18±1,37	104,37±3,50	2,03	2,81
p			$p = 0{,}1991$		

Note. [1]p - niveau de signification de l'efficacité du post-traitement
[2]l'eau potable du robinet provenant de différents fabricants par le critère du χ de Pearson.

Dans l'eau du robinet d'un taxon, la teneur en sulfate était la plus élevée pour toutes les années d'observation, par rapport à la qualité de l'eau potable prétraitée. Dans l'eau prétraitée d'un producteur (LLC "Mizrahin") en 2012, la teneur en sulfate était 3,04 fois plus faible que dans l'eau du robinet ; en 2013, elle était 10 fois plus faible ; en 2014, elle était 2,02 fois plus faible que dans l'eau du robinet d'un taxon (p = 0,199). Dans l'eau prétraitée de 2 producteurs (LLC "Anisimov"), la teneur en sulfate était 1,2 fois plus faible que dans l'eau du robinet ; en 2013 - 10,5 fois plus faible ; en 2014 - 3,0 fois plus faible. Le traitement supplémentaire de l'eau potable du robinet d'un taxon a été le plus efficace en termes de teneur en fer en 2012 (tableau 9).

Tableau 9

[3]**Caractéristiques comparatives des indicateurs de qualité de l'eau potable du robinet dans un taxon rural (district de Krivoy Rog) et de l'eau potable prétraitée provenant de différents fabricants, en fonction de la teneur en fer (mg/dm).**

Années	Eau potable prétraitée Mizrahin LLC	Eau potable prétraitée OOO Anisimov	Eau potable du robinet dans 1 taxon	Efficacité du prétraitement de l'eau potable par Mizrahin LLC	Efficacité du traitement supplémentaire de l'eau potable d'Anisimov LLC
2012	<0,2	<0,2	0,027±0,011	7,4	7,4
2013	<0,1	<0,2	<0,05	2	4
2014	<0,1	<0,1	0,06±0,01	1,6	1,6
p			$p = 1,0001$		

Note. [2]$_{1p}$ - **niveau de signification de l'efficacité du prétraitement de l'eau potable du robinet de différentes entreprises - fabricants par le critère de Pearson χ - Pearson.**

L'efficacité du prétraitement de l'eau potable selon cet indicateur a augmenté de 7,4 fois en 2012, de 2,0 fois en 2013 et de 1,6 fois en 2014. [33]Dans le même temps, la teneur en fer la plus élevée dans l'eau du robinet était de 0,06±0,01 mg/dm en 2014, tandis que dans l'eau prétraitée, elle était significativement inférieure à 0,1 mg/dm .

En 2012, la valeur du pH était (1,08 - 1,02) fois plus faible dans les échantillons d'eau prétraitée des deux fabricants que dans l'eau potable du robinet : 7,70±0,06, alors que l'efficacité du prétraitement a augmenté de (1,09 - 1,02) fois. En 2013-2014, dans l'eau prétraitée du producteur "Mizrahin" LLC, la valeur du pH a fluctué entre (1,07 - 1,05) ; tandis que dans l'eau prétraitée du second producteur - "Anisimov" LLC, le pH a diminué de (1,05 - 1,04) fois. Comme le montre le tableau 10, la valeur de pH la plus élevée dans l'eau du robinet a été enregistrée en 2012 et était de 7,70±0,06, tandis que la valeur la plus faible a été enregistrée en 2014 : 7,24±0,05 (p = 0,223).

Tableau 10

Caractéristiques comparatives des indicateurs de qualité de l'eau potable du robinet dans un taxon rural (district de Krivoy Rog) et de l'eau potable prétraitée provenant de différents fabricants en termes de valeur de pH

Années	Eau potable prétraitée Mizrahin LLC	Eau potable prétraitée OOO Anisimov	Eau potable du robinet dans 1 taxon	Efficacité du prétraitement de l'eau potable par Mizrahin LLC	Efficacité du traitement supplémentaire de l'eau potable de la société LLC Anisimov
2012	7,09±0,02	7,52±0,14	7,70±0,06	1,09	1,02
2013	7,12±0,16	7,05±0,17	7,66±0,04	1,07	1,09
2014	7,59±0,07	7,52±0,12	7,24±0,05	1,05	1,04
p			$p = 0,2231$		

Note. ²l_p - niveau de signification de l'efficacité du prétraitement de **l'eau potable du robinet de différentes entreprises - fabricants par le critère de Pearson χ - Pearson**. Les résultats de notre étude indiquent une amélioration de la qualité de l'eau potable prétraitée en termes de teneur en MT (Cu, Zn, Mn), comme présenté dans les (tableaux 11 - 13). Ainsi, après le prétraitement de l'eau potable par le fabricant "Mizrahin" Ltd. pendant 2012 - 2014, la teneur en cuivre a diminué de (3,65 à 4,4) fois, le zinc a diminué de (15,3 à 1,5) fois, le manganèse a fluctué entre (12,5 - 13) fois. L'efficacité du prétraitement de l'eau du second producteur - LLC "Anisimov" sur le contenu de ces MT a également augmenté : Cu - de (1,38 - 1,68) fois, Zn - de (7,14 - 2,2) fois, Mn - de (1,85 - 2,08) fois.

Tableau 11
³**Caractéristiques comparatives des indicateurs de qualité de l'eau potable du robinet dans un taxon rural (district de Krivoy Rog) et de l'eau potable prétraitée provenant de différents fabricants, en fonction de la teneur en cuivre (mg/dm).**

Années	Eau potable prétraitée Mizrahin LLC	Eau potable prétraitée OOO Anisimov	Eau potable du robinet dans 1 taxon	Efficacité du prétraitement de l'eau potable par Mizrahin LLC	Efficacité du traitement supplémentaire de l'eau potable d'Anisimov LLC
2012	0,11±0,03	0,040±0,012	0,029±0,016	3,65	1,38
2013	0,0994±0,0006	0,085±0,009	0,016±0,008	6,19	5,31
2014	0,0053±0,0046	0,037±0,001	0,022±0,002	4,4	1,68
p			p = 0,1991		

Note. l_p - niveau de signification de l'efficacité du post-traitement
²l'eau potable du robinet provenant de différents fabricants par le critère du χ de Pearson.

Tableau 12
³**Caractéristiques comparatives des indicateurs de qualité de l'eau potable du robinet dans un taxon rural (district de Krivoy Rog) et de l'eau potable prétraitée provenant de différents fabricants, en fonction de la teneur en zinc (mg/dm).**

Années	Eau potable prétraitée Mizrahin LLC	Eau potable prétraitée OOO Anisimov	Eau potable du robinet dans 1 taxon	Efficacité du prétraitement de l'eau potable par Mizrahin LLC	Efficacité du traitement supplémentaire de l'eau potable
2012	0,15±0,01	0,0014±0,0088	<0,01	15,3	7,14
2013	0,0278±0,0069	0,046±0,012	0,024±0,003	1,16	1,92
2014	0,015±0,001	0,0045±0,0007	<0,01	1,5	2,2
p			p = 0,1991		

¹Note. p - niveau de signification de l'efficacité du post-traitement
²l'eau potable du robinet provenant de différents fabricants par le critère du χ de Pearson.

Tableau 13

[3]Caractéristiques comparatives des indicateurs de qualité de l'eau potable du robinet dans un taxon rural (district de Krivoy Rog) et de l'eau potable prétraitée provenant de différents fabricants en termes de teneur en manganèse (mg/dm)

Années	Eau potable prétraitée Mizrahin LLC	Eau potable prétraitée OOO Anisimov	Eau potable du robinet dans 1 taxon	Efficacité du prétraitement de l'eau potable par Mizrahin LLC	Efficacité du traitement supplémentaire de l'eau potable de la société LLC Anisimov
2012	<0,05	0,027±0,010	<0,05	0	1,85
2013	0,004±0,003	0,054±0,027	<0,05	12,5	1,08
2014	0,0043±0,0005	0,025±0,005	0,052±0,002	13	2,08
p			p = 0,1991		

Note. [1p] - niveau de signification de l'efficacité du post-traitement
[2]l'eau potable du robinet provenant de différents fabricants par le critère du χ de Pearson.

Il est particulièrement intéressant de noter que la teneur en MT (Cu, Zn, Mn) de l'eau potable prétraitée des deux entreprises productrices était nettement inférieure à celle de l'eau du robinet d'un taxon (figures 16, 17, 18).

En 2014, la teneur en manganèse était (12 - 2,08) fois plus faible dans l'eau prétraitée que dans l'eau potable du robinet, tandis que l'efficacité du prétraitement augmentait de (13 - 2,08) fois. Une tendance similaire a été déterminée pour la teneur en cuivre en 2014. Cette TM dans l'eau prétraitée de la société - fabricant LLC "Mizrahin" était 4,1 fois plus faible que dans l'eau du robinet.

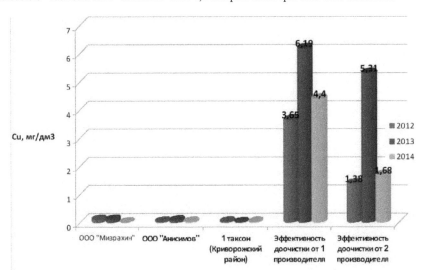

Figure 16. Caractérisation comparative de la qualité de l'eau du robinet dans le district de Krivoy Rog et de l'eau potable prétraitée provenant de différents fabricants en fonction de la

teneur en cuivre.

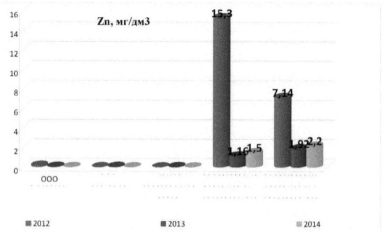

Figure 17. Caractérisation comparative de la qualité de l'eau du robinet dans le district de Krivoy Rog et de l'eau potable prétraitée provenant de différents fabricants en termes de teneur en zinc.

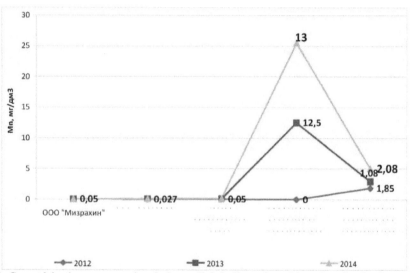

Figure 18. Caractérisation comparative de la qualité de l'eau du robinet dans le district de Krivoy Rog et de l'eau potable prétraitée provenant de différents fabricants en termes de teneur en manganèse.

En ce qui concerne le fluorure, l'efficacité du prétraitement a augmenté de (1,33 - 8,62) fois dans l'eau potable d'un producteur (Mizrakhin LLC), de (1,22 - 8,62) fois dans l'eau de deux producteurs (Anisimov LLC) (tableau 14).

Tableau 14

[3]Caractérisation comparative des indicateurs de qualité de l'eau potable du robinet dans un taxon rural et de l'eau prétraitée provenant de différents fabricants en termes de teneur en fluorure (mg/dm)

Années	Eau potable prétraitée Mizrahin LLC	Eau potable prétraitée OOO Anisimov	Eau potable du robinet dans 1 taxon	Efficacité du prétraitement de l'eau potable par Mizrahin LLC	Efficacité du traitement supplémentaire de l'eau potable d'Anisimov LLC
2012	0,13±0,06	<0,08	0,098±0,018	1,33	1,22
2013	<0,08	<0,08	0,20±0,13	2,5	2,5
2014	<0,08	<0,08	0,69±0,01	8,62	8,62
p			$p = 0_{,1991}$		

[1]Note. p - niveau de signification de l'efficacité du post-traitement
[2]l'eau potable du robinet provenant de différents fabricants par le critère du χ de Pearson.

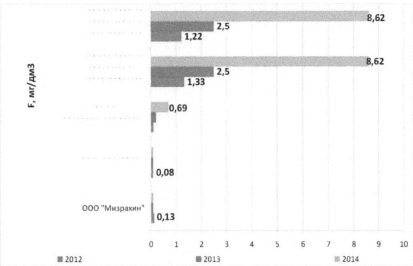

Figure 19. Caractérisation comparative de la qualité de l'eau du robinet dans le district de Krivoy Rog et de l'eau potable prétraitée provenant de différents fabricants en termes de teneur en fluorures.

[33]Comme présenté dans (Fig. 19), la teneur en fluorure la plus élevée a été trouvée dans l'eau potable du robinet d'un taxon en 2014 : 0,69±0,01 mg/dm , alors que dans l'eau prétraitée par les deux producteurs au cours de certaines années d'observation, cet indicateur était à un niveau < 0,08 mg/dm . [3]La faible teneur en aluminium < 0,04 mg/dm pour toutes les années d'observation dans l'eau prétraitée par les deux producteurs est remarquable (Tableau 15).

Tableau 15
[3]Caractéristiques comparatives des indicateurs de qualité de l'eau potable du robinet dans un taxon rural (district de Krivoy Rog) et de l'eau potable prétraitée provenant de différents fabricants, en fonction de la teneur en aluminium (mg/dm).

Années	Eau potable prétraitée Mizrahin LLC	Eau potable prétraitée OOO Anisimov	Eau potable du robinet dans 1 taxon	Efficacité du prétraitement de l'eau potable par Mizrahin LLC	Efficacité du traitement supplémentaire de l'eau potable par Anisimov LLC
2012	< 0,04	< 0,04	< 0,05	1,25	1,25
2013	< 0,04	< 0,04	0,20±0,09	5,0	5,0
2014	< 0,04	< 0,04	0,13±0,05	3,25	3,25
p			$p = 0{,}1991$		

Note. [1]p - niveau de signification de l'efficacité du post-traitement
[2]l'eau potable du robinet provenant de différents fabricants par le critère du χ de Pearson.

En général, l'eau potable prétraitée ainsi que l'eau du robinet ne répondent pas aux exigences de la norme GOST 7525:2014 [50], car l'aluminium doit être absent de l'eau de l'approvisionnement décentralisé en eau potable (non conditionnée et conditionnée). Des traces de la présence de cet indicateur ont été détectées dans l'eau prétraitée et dans l'eau du robinet. [3]Ainsi, dans l'eau potable d'un taxon, au cours des différentes années d'observation, l'aluminium était dans les limites : de (0,20±0,09) à (0,13±0,05) mg/dm, et sa dynamique a diminué de 1,5 fois. Dans le même temps, l'efficacité du traitement supplémentaire de l'eau potable provenant des deux fabricants a été multipliée par (1,25 - 3,25). La teneur en aluminium la plus élevée a été détectée dans l'eau du robinet en 2013, avec une efficacité de prétraitement multipliée par 5,0 (Fig. 20).

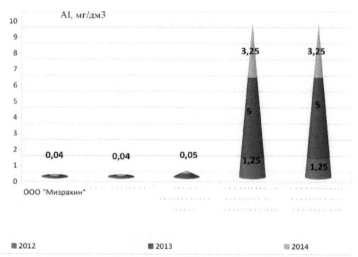

**Figure 20. Caractéristiques comparatives de la qualité de l'eau du robinet dans le district de

Krivoy Rog et de l'eau potable prétraitée provenant de différents fabricants en termes de teneur en aluminium.

Certains indices de l'activité nitrifiante n'ont pas réagi à l'action de la les exigences du document normatif GOST 7525:2014 [50] (tableaux 16 à 18).

Tableau 16

[3]Caractéristiques comparatives des indicateurs de qualité de l'eau potable du robinet dans un taxon rural (district de Krivoy Rog) et de l'eau potable prétraitée provenant de différents fabricants en ce qui concerne la **teneur en azote ammoniacal (mg/dm).**

Années	Eau potable prétraitée Mizrahin LLC	Eau potable prétraitée OOO Anisimov	Eau potable du robinet dans 1 taxon	Efficacité du prétraitement de l'eau potable par Mizrahin LLC	Efficacité du traitement supplémentaire de l'eau potable de la société LLC Anisimov
2012	<0,05	<0,05	0,019±0,011	2,6	2,6
2013	<0,1	<0,1	0,22±0,06	2,2	2,2
2014	<0,1	<0,1	0,31±0,05	3,1	3,1
p	[1]p = 0,223 ; p <0,001[2]				

[1,2,2]Note. p - niveau de signification de l'efficacité du prétraitement de l'eau potable du robinet de différentes entreprises - fabricants par le critère χ - Pearson ; - par l'analyse de variance ANOVA à un facteur (p < 0,001).

Tableau 17

[3]Caractéristiques comparatives des indicateurs de qualité de l'eau potable du robinet dans un taxon rural (district de Krivoy Rog) et de l'eau potable prétraitée provenant de différents fabricants en ce qui concerne la teneur en nitrites (mg/dm).

Années	Eau potable prétraitée Mizrahin LLC	Eau potable prétraitée OOO Anisimov	Eau potable du robinet dans 1 taxon	Efficacité du prétraitement de l'eau potable par Mizrahin LLC	Efficacité du traitement supplémentaire de l'eau potable de la société LLC Anisimov
2012	<0,02	<0,02	15,45±0,04	772,5	772,5
2013	0,0	0,0	0,011±0,006	-	-
2014	0,0	0,0	0,031±0,014	-	-
p	p = 0,2231				

Note. [1]p - niveau de signification de l'efficacité du post-traitement
[2]l'eau potable du robinet provenant de différents fabricants par le critère du χ de Pearson.

Tableau 18

³Caractéristiques comparatives des indicateurs de qualité de l'eau potable du robinet dans un taxon rural (district de Krivoy Rog) et de l'eau potable prétraitée provenant de différents fabricants en ce qui concerne la teneur en nitrates (mg/dm).

Années	Eau potable prétraitée Mizrahin LLC	Eau potable prétraitée OOO Anisimov	Eau potable du robinet dans 1 taxon	Efficacité du prétraitement de l'eau potable par Mizrahin LLC	Efficacité du traitement supplémentaire de l'eau potable d'Anisimov LLC
2012	<0,5	<0,5	1,71±0,18	3,42	3,42
2013	<0,5	<0,5	<0,5	1,0	1,0
2014	<0,5	<0,5	1,07±0,39	2,14	2,14
p	p = 0,1991					

¹Note. p - niveau de signification de l'efficacité du post-traitement
²l'eau potable du robinet provenant de différents fabricants par le critère du χ de Pearson.

³³L'azote ammoniacal a été constamment détecté dans l'eau prétraitée des deux fabricants dans des concentrations (<0,05 - 0,1) mg/dm , ainsi que dans l'eau potable du robinet dans la gamme de (0,019±0,011) à (0,31±0,05) mg/dm , avec une tendance à l'augmentation de 16,3 fois au cours de la période 2012 - 2014. En même temps, il a été montré une efficacité fiable du prétraitement de l'eau potable des deux entreprises - fabricants dans 2,6 - 3,1 fois (p < 0,001) (Fig. 21).

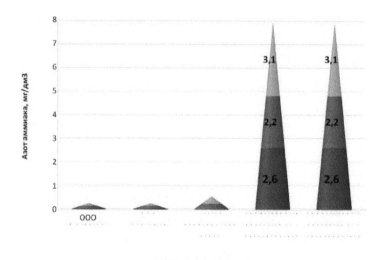

■ 2012 ■ 2013 ■ 2014

Figure 21. Caractérisation comparative de la qualité de l'eau du robinet dans le district de Krivoy Rog et de l'eau potable prétraitée provenant de différents fabricants, en fonction de la teneur en azote

l'ammoniac.

Les nitrites ont dépassé la CMA dans l'eau du robinet d'un taxon 772,5 fois en 2012 et 1,5 fois en 2014. [3]Dans l'eau prétraitée des deux producteurs, les nitrites étaient inférieurs à la CMA (< 0,02 mg/dm) en 2012, et étaient absents en 2013-2014 (p = 0,223) (Fig. 22).

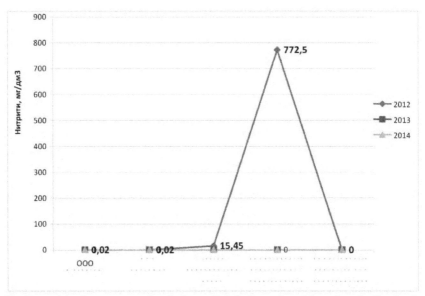

Figure 22. Caractérisation comparative de la qualité de l'eau du robinet dans le district de Krivoy Rog et de l'eau potable prétraitée provenant de différents fabricants en termes de teneur en nitrites.

La teneur en nitrates de l'eau prétraitée et de l'eau du robinet n'a pas dépassé la CMA pendant la période 2012 - 2014. [33]De faibles concentrations de nitrates (< 0,5 mg/dm) ont été trouvées dans l'eau prétraitée, tandis que dans l'eau du robinet, les nitrates étaient compris entre (1,71±0,18) et (1,07±0,39) mg/dm , avec une tendance à diminuer de 1,6 fois. L'efficacité du prétraitement de l'eau pour cet indicateur est passée de 3,42 fois en 2012 à 2,14 fois en 2014 (Figure 23).

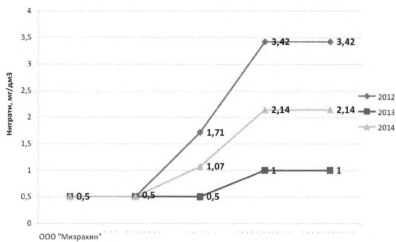

Figure 23. Caractérisation comparative de la qualité de l'eau du robinet dans le district de Krivoy Rog et de l'eau potable prétraitée provenant de différents fabricants en termes de teneur en nitrates.

L'acidification croissante de tous les types d'approvisionnement en eau potable attire l'attention (tableau 19).

Tableau 19

[3]**Caractéristiques comparatives des indicateurs de qualité de l'eau potable du robinet dans un taxon rural (district de Krivoy Rog) et de l'eau potable prétraitée par différentes entreprises - producteurs sur l'acidification, (mgO2/dm)**

Années	Eau potable prétraitée Mizrahin LLC	Eau potable prétraitée OOO Anisimov	Eau potable du robinet dans 1 taxon	Efficacité du prétraitement de l'eau potable par Mizrahin LLC	Efficacité du traitement supplémentaire de l'eau potable de la société LLC Anisimov
2012	1,62±0,01	1,27±0,20	5,57±0,08	3,44	4,38
2013	0,26±0,02	2,63±0,25	3,08±0,09	11,85	1,17
2014	3,70±0,10	3,77±0,02	4,04±0,83	1,09	1,07
p	p = 0,1991				

Note. [2]$_{1p}$ - niveau de signification de l'efficacité du prétraitement de l'eau potable du robinet par différentes entreprises - fabricants selon le critère de Pearson χ - Pearson.

Ainsi, dans l'eau prétraitée du premier producteur (LLC "Mizrakhin"), l'oxydabilité a dépassé le MPC 2,2 fois en 2012 et 5,0 fois en 2014. L'eau prétraitée du deuxième producteur (LLC "Anisimov") a constamment dépassé la valeur réglementée de l'acidité : 2,0 MAC - en 2012, 3,5 MAC - en 2013, 5,03 MAC - en 2014. L'oxydabilité la plus élevée a été observée dans l'eau du robinet du taxon 1 : 7,4 MAC - en 2012, 4,1 MAC - en 2013, 5,4 MAC - en 2014 (p = 0,199). [23]Selon la norme GOST 7525:2014 [50], l'acidité ne doit pas dépasser 0,75 mgO /dm dans l'eau de distribution décentralisée. Dans le même temps, l'efficacité du prétraitement de l'eau a augmenté dans l'eau d'un producteur : de 3,44, 11,8 et 1,09 fois ; tandis que dans l'eau prétraitée par 2 producteurs : de 4,38, 1,17 et 1,07 fois.

Cette tendance est probablement due à l'apport systématique de substances organiques dans la source d'approvisionnement en eau du taxon 1 - le réservoir de Karachunovskoye, dont l'eau est utilisée pour l'approvisionnement en eau potable de ce taxon (district de Krivoy Rog), ainsi que par des entreprises spécialisées dans le traitement complémentaire (entreprises - fabricants LLC "Mizrakhin" et "Anisimov"), à partir de l'eau potable du robinet provenant du système d'approvisionnement en eau centralisé dans la zone d'urbanisation de Krivoy Rog, à savoir le réservoir de Karachunovskoye (Fig. 24).

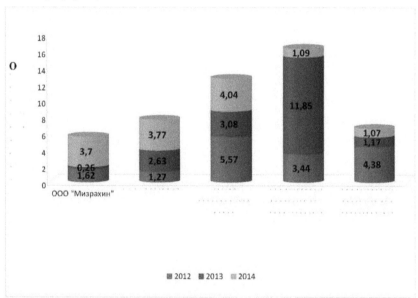

Figure 24. Caractérisation comparative de la qualité de l'eau du robinet dans le district de Krivoy Rog et de l'eau potable prétraitée provenant de différents fabricants en termes d'oxydation.

CONCLUSION

1. À ce jour, la rivière Ingulets et le réservoir Karachunovskoye ont subi une pollution anthropique intensive liée aux activités des entreprises minières de la ville de Krivoy Rog. La détérioration de la qualité de l'eau de la rivière Ingulets est un problème national. Il existe un risque d'accumulation de volumes importants d'eau hautement minéralisée dans le réservoir de Karachunovskoye. Le déversement à long terme dans la rivière Ingulets d'eaux usées provenant de mines, de carrières, de filtrations et d'eaux industrielles insuffisamment traitées entraîne une diminution des processus d'auto-épuration.

2. En outre, les technologies obsolètes de traitement de l'eau potable n'assurent pas une fonction de barrière contre de nombreux polluants des masses d'eau naturelles, qui correspondent principalement à la classe de qualité 3, alors que les installations d'approvisionnement en eau sont conçues pour traiter efficacement les sources d'eau de la classe de qualité 1.

3. L'amélioration des seules technologies de traitement de l'eau en fonction des classes d'eau de la source d'eau sans assurer un bon état sanitaire et technique des réseaux d'approvisionnement en eau ne peut contribuer à l'obtention d'une eau potable de haute qualité garantie.

4. La structure de la morbidité au sein de la population adulte dans les différents taxons de la région de Dniepropetrovsk diffère selon les classes de maladies. Ainsi, dans le taxon 1, le poids spécifique le plus important concerne les maladies X (27,9 %), IX (11,51 %), XIV (7,74 %), XIII (5,10 %) et XI (4,20 %) ; dans le taxon 2, les maladies X (25,32 %), IX (13,9 %), XIV (7,74 %), XIII (5,10 %) et XI (4,20 %) : Pour les maladies des classes X (25,32 %), IX (13,9 %), XIV (8,19 %), XII (4,22 %), XIII (6,21 %) et IV (2,98 %) ; dans le taxon 3 : pour les maladies des classes X (28,97 %), IX (13,55 %), XII (5,90 %), XIV (5,88 %) et XIII (4,01 %) ; dans le taxon 4 : Pour les maladies des classes X (26,17 %), IX (13,43 %), XIV (7,71 %), XIII (4,03 %) et XI (4,01 %) ; dans 5 taxons : Pour les maladies de X (27,79 %), IX (12,17 %), XIV (7,15 %), XIII (5,09 %), classes XII (4,44 %) ; dans 6 taxons : pour les maladies de X (22,86 %), IX (13,71 %), XIV (6,84 %), XIII (6,26 %) et classes XI (4,26 %).

5. Ainsi, dans la structure de toutes les maladies au sein de la population adulte, le schéma de l'incidence la plus élevée des maladies du système respiratoire, du système circulatoire, du système génito-urinaire, du système musculo-squelettique et des organes digestifs dans tous les taxons ruraux de la région de Dnipropetrovsk a été établi. Le poids spécifique le plus faible est établi pour les maladies de classe XI (K80- K87), de classe XIV (N25-N29) et (N17-N19), ainsi que de classe XVII,

y compris les anomalies congénitales du système circulatoire dans tous les taxons de la région.

6. Les résultats de notre étude montrent de manière convaincante que le poids spécifique le plus important dans la structure de toutes les maladies de la population adulte, dans les 6 types de taxons de la région de Dniepropetrovsk, causé par les maladies des systèmes respiratoire, circulatoire, digestif, génito-urinaire, osseux et musculaire et d'autres classes de maladies, correspond aux données de la littérature [47, 48, 49]. En particulier, les maladies infectieuses et parasitaires, les maladies du système nerveux, du sang et des organes hématopoïétiques, y compris les anémies, les néoplasmes, ainsi que certaines formes nosologiques - arthropathie saline, calculs rénaux et urétéraux, anomalies congénitales (malformations), y compris le système circulatoire, occupent les dernières places dans la structure de toutes les maladies chez les résidents ruraux dans tous les taxons de la région pour 2008 - 2013.

7. L'évaluation comparative des indicateurs de qualité de l'approvisionnement en eau potable dans l'eau prétraitée et l'eau du robinet a montré la similitude de certains indicateurs, tels que : l'acidification accrue, la présence constante d'azote ammoniacal, qui devrait être absent selon GOST 7525 :2014 [50], la similitude de la composition saline (résidu sec, teneur en chlorure et en sulfate, pH), dans un contexte de faible concentration de MT (Cu, Zn, Mn), de nitrites et de nitrates, d'aluminium et de fluorure au cours de certaines années d'observation dans les échantillons d'eau potable prétraitée des deux fabricants.

8. Cette similitude des indicateurs de qualité de l'eau potable de l'eau du robinet et de l'eau prétraitée dans la zone d'urbanisation de Krivoy Rog est probablement due à l'utilisation simultanée comme source d'approvisionnement en eau du réservoir de Karachunovskoye, dont l'eau est utilisée à la fois pour l'approvisionnement en eau potable d'un taxon (le district de Krivoy Rog) et pour le prétraitement de l'eau par différentes entreprises - producteurs dans la même zone d'urbanisation de Krivoy Rog.

9. Il a été constaté que parmi les habitants des taxons ruraux de la région de Dniepropetrovsk, le plus grand nombre de sources d'approvisionnement en eau potable se trouve dans le taxon 1 (244 sources d'eau, soit 33,6 %), 6 (227, soit 31,3 %) et 5 taxons (107, soit 14,7 %) ; tandis que le plus petit nombre se trouve dans le taxon 4 (94, soit 13 %), 3 (33, soit 4,5 %) et 2 taxons (20, soit 2,7 %). Dans le même temps, le plus grand nombre de sources décentralisées d'approvisionnement en eau potable se trouve dans le taxon 1 - 235 (43,6 %) ; le plus petit se trouve dans le taxon 3 : 5 (0,9 %). Parmi les sources d'eau centralisées, le plus grand nombre se trouve dans le taxon 6 : 79 (42,2 %), le plus petit dans le taxon 2 : 20 (2,7 %). Dans les 6 taxons de la région de Dniepropetrovsk, le nombre total de sources d'approvisionnement en eau est de 725, dont 187 - centralisées, 538 - décentralisées.

10. Il a été constaté qu'une partie des résidents ruraux de la grande majorité des taxons ruraux de l'oblast de Dniepropetrovsk, qui devraient être desservis par des systèmes collectifs d'approvisionnement en eau potable, n'ont pas accès à une eau potable de qualité, étant donné que les taux de couverture dans tous les taxons de l'oblast par des systèmes collectifs d'approvisionnement en eau étaient inférieurs aux "indicateurs cibles nationaux" recommandés [420] de (18,5 - 1,5) à (25,9 - 2,0) fois : (50 - 70) % - villages, (90 - 100) % - villes et établissements, (90 - 100) % - villes et villages [420]. [420] de (18,5 - 1,5) à (25,9 - 2,0) fois : (50 - 70) % - dans les villages, (90 - 100) % - dans les villes et villages.

11. Les résultats de la recherche menée ont permis de justifier scientifiquement une approche globale de l'amélioration de la rivière Ingulets et du réservoir Karachunovskoye - les principales sources d'approvisionnement centralisé en eau pour la population rurale de la zone d'urbanisation de Krivoy Rog ; de former un ensemble de mesures visant à la nécessité d'une mise en œuvre prioritaire du système de surveillance des indicateurs de santé de la population rurale ; de souligner le besoin primaire d'utiliser de l'eau potable prétraitée dans les taxons ruraux de la région de Dnepropetrovsk, qui n'ont pas accès à l'eau potable dans les zones rurales de la région de Dnepropetrovsk.

LISTE DE RÉFÉRENCE :

1. Serdyuk, A.M. 20 years of the National Academy of Medical Sciences of Ukraine : results and a look into the future / A.M. Serdyuk // Journal of the National Academy of Medical Sciences of Ukraine. - Vol. 19. - № 2. -2013. -C. 134 - 138.
2. Prokopov, V.A. État et qualité de l'eau potable des systèmes centralisés d'approvisionnement en eau dans les conditions modernes (vision du problème du point de vue de l'hygiène) / V.A. Prokopov // Hygiene of populated places. - Numéro 64. - K., 2014. - C. 56 - 67.
3. Ryzhenko S.A. Ways to provide the population of Dnepropetrovsk region with quality drinking water / S.A. Ryzhenko, K.P. Vainer // Proceedings of the III International Scientific and Practical Conference "Healthy Lifestyle : Problems and Experience". - 2013. - C. 315 - 319.
4. Mokienko, A.V. Justification de la recherche sur l'influence du facteur eau sur la santé de la population (revue de la littérature) / A.V. Mokienko, L.I. Kovalchuk // Hygiene of populated places. - Numéro 64. - K., 2014. - C. 67 -76.
5. Gozhenko A.I. Water and health : an attempt to assess the problem : a review of the literature / A.I. Gozhenko, A.V. Mokienko, N.F. Petrenko // Health of Ukraine. - 2006. - C. 6 - 12.
6. Okrugin, Yu.A. Influence des indicateurs microbiologiques et parasitologiques des eaux usées domestiques sur la qualité de l'eau des plans d'eau ouverts / Yu.A. Okrugin, S.V. Kapranov, L.I. Kosenko // Surrounding environment and health. - 2003. - № 4 (27). - C. 51 - 56.
7. Prokopov, V.A. Scientific and practical issues of providing the population of Ukraine with quality drinking water / V.A. Prokopov // Proceedings of the XIV Congress of Hygienists of Ukraine "Hygienic science and practice at the turn of the century". - T. 1. - Dnepropetrovsk, 2004. - C. 109 - 111.
8. Évaluation des risques des effets non cancérigènes sur les organes et les systèmes de la population des villes mono-industrielles et des zones rurales / V.M. Boev, D.A. Kryazhev, L.M. Tulina, A.A. Neplokhov, M.V. Boev // Actes du Plenum du Conseil scientifique de la Fédération de Russie sur l'écologie humaine et l'hygiène de l'environnement (11 - 12 décembre 2014). - Moscou : FGBU "Research Institute of Human Ecology and Environmental Hygiene named after A.N. Sysin" of the Ministry of Health of Russia, 2014. -C. 55 - 57.
9. Onishchenko G.G. Sur l'état sanitaire et épidémiologique de l'environnement / G.G. Onishchenko // Hygiene and sanitation. - 2013. - № 2. -C. 4 - 10.
10. Mudry I.V. Heavy metals in the environment and their effect on the organism / I.V. Mudry, T.K.

Korolenko // Doctor's case. - 2002. -№ 5. -C. 6 -9.
11. Rukavichka, A.N. Organisation de la surveillance écologique et hygiénique de l'accumulation de métaux lourds dans le système "sol - production végétale" sur le territoire du district de Dubrovitsky de la région de Rivne / A.N. Rukavichka, I.V. Gushchuk // Hygiene of inhabited places. - Numéro 62. -K., 2013. -C. 100 - 106.
12. surveillance des épidémies de maladies d'origine hydrique / Boubetra L., Le Nestour F., Allaert C., Feinberg M. // Appl. Environ. Environ. Microbiol. - Mai 2011. -№ 77 (10). -P. 3360 - 3367.
13. Vulnérabilité des puits d'eau potable / Parker A.A., Stivenson R.A., Raily P.L., Ombeki S.A., Komolleh C.L.. // Epidemiol. Infect. - octobre 2006. - № 134 (5). -P. 1029 - 1036.
14. Statut de la contamination des eaux souterraines aux États-Unis / Mausezahl D., Teller F., Iriarte M. // Clinical Microbiol. - July 2010. -№ 23 (3). -P. 507 - 528.
15. Qualité de l'eau pour le bétail / Hattendorf J.L., Cattaneo M.D., Arnold V.F., Smith T.J. // Water Resources. - Novembre 2010. -№ 49 (1). - P. 9 - 15.
16. Facteurs de risque contribuant à la contamination microbiologique de l'eau potable / Gueler F.M., Heiringhoff K.H., Engeli S.P., Heusser K.L.. // Environ. Health Perspectives. - Octobre 2012. - № 6 (8). - P. 823 - 935.
17. Manuel d'hygiène sociale et d'organisation des soins en 2 volumes. T. 1 / Y. P. Lisitsyn, E. N. Shigan, I. S. Sluchanko [et al]. Édité par Y. P. Lisitsyn. -M. : Médecine, 1987. - 432 c.
18. Évaluation pronostique des indicateurs de morbidité de la population vivant dans la zone d'influence de la centrale nucléaire de Khmelnitsky / N. S. Polka, V. M. Dotsenko, A. I. Kostenko, I. V. Kakura // Actes de la XIXème Conférence internationale scientifique et pratique et de la Foire-exposition. Volume II. "Kazantip-EKO-2011", (6-10 juin 2011, AR Crimea, Cape Kazantip, Shchelkino). - Kharkiv : UkrGSTC "Energostal", 2011. -C. 7-13.
19. Recommandations méthodologiques "Évaluation des risques pour la santé publique liés à la pollution atmosphérique" MR 2.2.12-142-2007. - En vigueur depuis le 13.04.2007. - Kiev : Ministère de la santé de l'Ukraine, 2007. - 39 c.
20. Chernichenko I. A. Scientific bases of hygienic rationing of chemical carcinogens at complex and combined intake into the organism : autoref. diss. doctor of medical sciences : spets. 14.02.01 "Hygiène" / I. A. Chernichenko. - Kiev, 1992. -44 c.
21. Trakhtenberg I. M. Heavy metals as chemical pollutants of production and environment. Aspects écologiques et hygiéniques / I. M. Trakhtenberg. - Minsk : Science et technologie, 1994. - 285 c.
22. Les métaux lourds dans l'environnement et leurs effets sur l'organisme (revue) / R. S. Gildenskiold, Y. V. Novikov, R. S. Khamidulin et al. // Hygiène et assainissement. - 1992. - №

5-6. - C. 6-9.
23. Yanysheva N. Ya. Hygienic problems of environmental protection from pollution by carcinogens / N. Ya. Yanysheva, I. S. Kireeva, I. A. Chernichenko et al. - Kiev : Zdorovye, 1985. - 102 c.
24. Persheguba Ya. V. Comparative assessment of carcinogenic risk of food and urban atmospheric air / J. V. Persheguba // Proceedings of the XIX International Scientific and Practical Conference and Exhibition-Fair. Volume II. "Kazantip-EKO-2011", (6-10 juin 2011, AR Crimea, Cape Kazantip, Shchelkino). - Kharkov : UkrGSTC "Energostal", 2011. - C. 19-23.
25. Évaluation hygiénique des ressources en eau / V. L. Savina, S. V. Vitrischak, A. E. Akberov, V. V. Zhdanov // Actes de la XIXe Conférence internationale scientifique et pratique et de la Foire-exposition. Volume III. "Kazantip-EKO-2011", (6-10 juin 2011, AR Crimea, Cape Kazantip, Shchelkino). - Kharkov : UkrGSTC "Energostal", 2011. -C. 303-305.
26. Projet "Région de Dnipropetrovsk. Schéma d'aménagement du territoire". Note explicative. T. I, II / Institut ukrainien de recherche sur l'urbanisme "Dnepropetrovsk". - Kiev. - 2009.
27. SanPiN n° 4630-88 Règles et normes sanitaires pour la protection des eaux de surface contre la pollution.
28. GOST 4808:2007 Sources d'approvisionnement centralisé en eau potable. Exigences hygiéniques et environnementales pour la qualité de l'eau et règles d'échantillonnage. - Kiev, 2012. - 27 c.
29. Exigences hygiéniques pour l'eau potable destinée à la consommation humaine : normes et règles sanitaires de l'État GSanPiN 2.2.4-171-10 ; approuvées par l'arrêté du ministère de la Santé du 12.05.2010 № 40. - Mode d'accès : http://normativ.ua/types/tdoc19074.php.
30. Indicateurs de santé de la population de la région de Dnipropetrovsk en 2008-2013 . - Dnipropetrovsk : Département principal
soins de santé de l'administration régionale de l'État. Centre régional de statistiques médicales de Dnipropetrovsk, 2014. - 286 c.
31. CIM X : Classification statistique internationale des maladies et des problèmes de santé connexes. - 10e révision. - Genève : OMS, 1995. -T. 1, Ч. 1. - 698 p., Ch. 2. -633 p., Ch. 2. -172 p.
32. Borovikov V. STATISTICA : L'art de l'analyse des données sur ordinateur. Pour les professionnels / V. Borovikov. - Saint-Pétersbourg, 2001. - 656 c.
33. Lapach S. N. Statistical methods in biomedical research using Excel / Lapach S. N., Chubenko A.. N., Chubenko A. V. V., Babich P. N.-K. : Morion, 2001. -408 c.

34. État de la pollution environnementale sur le territoire de l'Ukraine http://www.cgo.kiev.ua/index.pdf

35. État de l'approvisionnement décentralisé en eau économique et potable Prokopov V.A., Kuzminets A.N., Sobol V.A. // Hygiène des lieux habités. - 2008. - Numéro 51. - C. 63-68.

36. Ryzhenko, S.A. Trihalométhanes dans l'eau potable du robinet / S.A. Ryzhenko // Médecine préventive. - 2009. - № 4. - C. 2021.

37. Koshelnik, M.A. Charge technogène sur les masses d'eau : conséquences pour la santé publique / M.A. Koshelnik // Preventive medicine. - 2009. -№ 4. - C. 28-31.

38. Qualité de l'eau de l'approvisionnement centralisé en Ukraine sur les indicateurs sanitaires-microbiologiques et la morbidité infectieuse associée / Korchak G.I., Surmacheva A.V., Nekrasova L.S. et al. // Environnement et santé. - 2012. - № 4. - C. 39-41.

39. L'expérience de Gossannadzor sur la qualité de l'eau potable conditionnée / Larchenko, V.I. ; Ovchinnikova, V.A. ; Zaitsev, V.V. ; Ostapchuk, E.A. ; Zadvornaya, V.V. // Environnement et santé. - 2008. - № 1 (44). - C. 43-44.

40. Programme national pour l'amélioration écologique du bassin du Dniepr et l'amélioration de la qualité de l'eau potable. Résolution de la Verkhovna Rada d'Ukraine du 27 février 1997.

41. L'eau comme source de maladies infectieuses / Nikolenko P. P., Beloivanenko V. I., Kuleshov N. I. // Med. Vesti. - 1997. - № 3. - C. 14-16.

42. Influence des indicateurs microbiologiques et parasitologiques des eaux usées domestiques sur la qualité de l'eau des plans d'eau ouverts / Okrugin Y. A., Kapranov S. V., Kosenko L. I. and others // Environment and Health. V., Kosenko L. I. and others // Environment and Health. - 2003. - № 4 (27). - C. 51-56.

43. Alekseenko, N.N. Ecological assessment of water quality condition of the Kremenchug reservoir / N.N. Alekseenko // Environment and Health. - 2004. - № 2 (29). - C. 30-35.

44. Palchitsky A. M. Kakhovka Reservoir : Current State and Possible Ecological and Sanitary Prognosis.
A.M. Palchitsky // Hygiène et assainissement. - 1991. -№ 10. -C. 21-25.

45. Ryzhenko S.A. Aspects distincts de l'état de l'environnement de la région technogène et approches dans l'organisation du travail du service épidémiologique d'État de la région de Dniepropetrovsk / S.A. Ryzhenko // Environment and Health. - 2004. - № 2 (29). - C. 48-53.

46. Hryhorenko LV. Potable water quality in the Karachunyvskyi reservoir / L.V. Hryhorenko //

Austrian Journal of Technical and Natural Sciences. - 2014 (28 février). -№1. -C.40 -45.

47. Approches scientifiques et méthodologiques du calcul des pertes médicales, démographiques et économiques réelles et évitées liées à l'impact négatif des facteurs environnementaux / N. V. Zaitseva, I. V. May, D. A. Kiryanov // Actes du Plenum du Conseil scientifique de l'écologie humaine et de la santé environnementale (11 - 12 décembre, 2014). - M. : FGBU "Research Institute of Ecology and Hygiene named after A. N. Sysin of the Ministry of Health of the Russian Federation". - C. 85 - 103.

48. Relation des maladies chroniques non infectieuses avec l'état de l'environnement / Yu.A. Rakhmanin, A.A. Stekhin, G.V. Yakovleva, V.V. Ryabikov // Actes du Plenum du Conseil scientifique de l'écologie humaine et de l'hygiène environnementale (décembre 2014). Ryabikov // Actes du Plenum du Conseil scientifique sur l'écologie humaine et l'hygiène de l'environnement (11 - 12 décembre 2014). - M. : FGBU "Research Institute of Ecology and Hygiene named after A.N. Sysin of the Ministry of Health of the Russian Federation". - C. 78 - 93.

49. Problèmes analytiques dans l'étude de l'effet complexe des facteurs environnementaux sur la santé publique / A. G. Malysheva, E. G. Rastiannikov, N. Yu. Kozlova // Actes du Plenum du Conseil scientifique de l'écologie humaine et de l'hygiène environnementale (11 - 12 décembre, 2014). - Moscou : FGBU "Research Institute of Ecology and Hygiene named after A. N. Sysin of the Ministry of Health of the Russian Federation" (Institut de recherche sur l'écologie et l'hygiène nommé d'après A. N. Sysin du ministère de la santé de la Fédération de Russie). - C. 118 - 140.

50. Eau potable. Exigences et méthodes de contrôle de la qualité. GOST 7525:2014. - Kiev : Ministère du développement économique de l'Ukraine, 2014. - 25 c.

**Grigorenko Lyubov Viktorovna**, candidate aux sciences médicales, professeur associé au département d'hygiène et d'écologie de l'Académie médicale de Dnipropetrovsk de l'ICM. Deuxième cycle d'études supérieures en vue de la formation 6.020303 "Spécialiste en philologie. Traducteur de langue anglaise". Dirige des cours pratiques et des consultations, donne des conférences sur le thème de l'hygiène générale et de l'écologie pour les étudiants étrangers anglophones et les étudiants des facultés de médecine des cours VI dans la spécialité "Médecine". Auteur de 130 publications : 79 à caractère scientifique et 51 à caractère pédagogique et méthodologique, dont 17 dans des publications de la fakh. Après la soutenance de la thèse du candidat, elle a publié 102 articles scientifiques : 59 - dans des revues scientifiques et 43 à caractère pédagogique et méthodologique, dont 14 travaux dans des publications de la fakh, 10 - articles étrangers, 4 - dans des revues scientifiques-cométriques internationales ; 10 aides pédagogiques pour les étudiants anglophones ; 6 certificats d'auteur.

Membre de la Fédération de l'équipe nationale de scientifiques du projet international IASHE (à Londres). Elle a reçu trois fois la médaille de bronze pour la meilleure publication en anglais en tant que lauréate des phases I, II et III des concours dans la branche "Médecine et pharmacie, biologie, médecine vétérinaire et agriculture", section : "Hygiène".

I want morebooks!

Buy your books fast and straightforward online - at one of world's fastest growing online book stores! Environmentally sound due to Print-on-Demand technologies.

Buy your books online at
www.morebooks.shop

Achetez vos livres en ligne, vite et bien, sur l'une des librairies en ligne les plus performantes au monde!
En protégeant nos ressources et notre environnement grâce à l'impression à la demande.

La librairie en ligne pour acheter plus vite
www.morebooks.shop

info@omniscriptum.com
www.omniscriptum.com

Milton Keynes UK
Ingram Content Group UK Ltd.
UKHW042008281024
450365UK00003B/268